踢猫效应

赖翔晖 —— 编著

中国纺织出版社有限公司

内 容 提 要

我们都知道，人是情绪化的动物，会受到环境以及一些偶然因素的影响，当一个人的情绪变坏时，潜意识会驱使他选择弱于自己或低于自己的对象发泄，这样就会形成一条愤怒传递链条，这就是"踢猫效应"。只有学会控制自身情绪，才能有效遏制"踢猫效应"。

本书是一本帮助读者改变坏情绪、赶走负能量、提升幸福感的心理自助读本。它围绕"踢猫效应"展开，带领读者朋友们了解坏情绪的真实面目以及其带来的一系列负面影响，帮助读者摆脱负面情绪的干扰和对人生的担忧，从而让好运相伴，好心情常驻人们的心间。

图书在版编目（CIP）数据

踢猫效应 / 赖翔晖编著. -- 北京：中国纺织出版社有限公司, 2025.8. -- ISBN 978-7-5229-2486-1
Ⅰ. B842.6-49
中国国家版本馆CIP数据核字第2025B9M971号

责任编辑：柳华君　　责任校对：王蕙莹　　责任印制：储志伟

中国纺织出版社有限公司出版发行
地址：北京市朝阳区百子湾东里A407号楼　邮政编码：100124
销售电话：010—67004322　　传真：010—87155801
http://www.c-textilep.com
中国纺织出版社天猫旗舰店
官方微博 http://weibo.com/2119887771
天津千鹤文化传播有限公司印刷　各地新华书店经销
2025年8月第1版第1次印刷
开本：880×1230　1/32　印张：7
字数：115千字　定价：49.80元

凡购本书，如有缺页、倒页、脱页，由本社图书营销中心调换

前　言

我们都知道，人都有情绪，我们在生活中也经常会遇到一些影响我们情绪的事，平静的心会被扰乱，我们或开心，或悲伤，或愤怒，若不排解这些激动的情绪，就会产生一个"情绪链"，也就是人们经常提起的"踢猫效应"。

那么，什么是"踢猫效应"呢？它是指对弱于自己或者低于自己的对象发泄不满情绪而产生的连锁反应，描绘的是一种典型的坏情绪的传染。人的不满情绪和糟糕心情，一般会沿着等级和强弱组成的社会关系链条依次传递。由金字塔尖一直扩散到最底层，无处发泄的最弱小的那一个元素，则成为最终的受害者。其实，这是一种心理疾病的传染。

比如，在工作中，你受到上级、同事或者客户的刁难，回家以后对着丈夫、妻子或者无辜的孩子发脾气，本来和和美美的家庭，一下子就变得鸡飞狗跳。

其实，坏情绪本身并没有任何破坏性，但在冲动的情况下，人们会做出失去理智的事，它给人带来的负面影响可能远远超出我们的预料。

现代社会中，工作与生活的压力越来越大，竞争也越来越激烈。这种紧张很容易导致人们情绪的不稳定。美国密歇根大学的心理学家南迪·内森在研究中发现：人的一生中，平均有3/10的时间处于情绪不佳的状态。一些人一点不如意就会使自己烦恼、愤怒，如果不能及时调整这种消极因素带给自己的负面影响，就会身不由己地加入到"踢猫"的队伍当中——被别人"踢"或"踢"别人。我们在心情激动前，不妨先深呼吸，让自己冷静下来，便能远离冲动，抑制激动，如此才能驶向开心的彼岸。

的确，只有善于控制自己的情绪，赶走自己的坏情绪，才能找到自信的源泉，走向成功的彼岸，找到开启快乐的钥匙，拥有幸福快乐的人生。

我们可以说，良好的情绪管理能力是一种优秀的能力，但这种能力不是天生就有的，而是通过后天有意识地培养、修炼获得的。现在的你，是否急需要一本学习情绪管理能力的书，而这就是本书编写的初衷。本书从心理学的角度出发，围绕"踢猫效应"展开，带领读者认识任由坏情绪控制自己会导致怎样的负面影响，还全方位地提供了控制情绪的方法，希望对人们告别坏情绪、培养自己的好情绪有所帮助。

编著者

2024年8月

目 录

第一章　揭开踢猫效应的面纱，了解坏情绪是怎么传染的　001

什么是踢猫效应　003
小小的坏心情可能影响大事件　007
遏制冲动，别成为坏情绪的奴隶　011
开启心理屏蔽模式，防止被他人的坏情绪传染　015
学会把好情绪带给别人　019

第二章　情绪体察，及时发现踢猫效应的火苗并彻底扑灭　025

做个情绪测验，了解自己的情绪稳定力　027
怎样提升自身的情绪掌控能力　034
换个角度思考，就能获得好心情　039
自我调节，别让坏心情影响你　043
只要我们懂得扭转，就能让内心充满阳光　047
学会自我安慰，凡事乐观一点　051

第三章 堵不如疏，学会情绪释放才能防止踢猫效应的产生　　055

负面情绪来袭，一定要找到合理的宣泄渠道　　057
大声呐喊，放走坏情绪　　063
说出来，你的心情会放松很多　　067
不妨大哭一场，重新获得力量　　071
运动是一种行之有效的排解压力的方法　　075

第四章 情绪屏蔽，防止成为他人踢猫效应的"受害者"　　079

保持积极的情绪，防止被坏情绪"传染"　　081
察言观色，看穿对方情绪　　083
听对方的语气感受对方的心情　　087
调节他人情绪让环境更和谐　　090
要有自控力，摒除他人的有意干扰　　093
体会对方的心情，但不被坏情绪影响　　097
专注手头事，不被他人情绪干扰　　101

第五章 预防家庭中的踢猫效应，用心经营才能家和万事兴　　105

把好心情带回家，避免家庭情绪被污染　　107

少点争吵，家人间要多点平和的交流与沟通	111
幽默快乐的家庭氛围带给人幸福	115
多点包容心，珍惜血浓于水的亲情	118
良好温馨的家庭氛围有利于孩子健康成长	121
婚姻中少点脾气，多点关爱更圆满	124

第六章 预防教育中的踢猫效应，读懂孩子心理助其健康成长 —— 129

营造宽松和谐的家庭氛围，让孩子健康成长	131
教育孩子，需要耐心和智慧	133
陪伴，是对孩子最好的教育	137
有问题不和孩子发脾气，巧妙引导更有效	141
害怕亲子冲突，有问题也别冷漠处理	145
当孩子有"叛逆"的苗头时，家长如何疏导	149
平等地沟通，别一味地教训	154

第七章 预防职场中的踢猫效应，始终要保持对工作的热情 —— 159

带着热忱工作，工作就不再是苦差事	161
脚踏实地，工作要摒弃浮躁情绪	165
少点抱怨，带着感恩的心工作	169
赞美他人，让大家都在好情绪中工作	173

应对急躁的领导，一定要稳住情绪	177
调整心态，被上司训斥不要产生抵触情绪	181
职场中，同事之间的误会要尽快消除	185

第八章　预防社交场合的踢猫效应，你的感染力源于好心情　189

反向运用"踢猫效应"，用你的真诚和快乐感染他人	191
敞开心扉，真诚接纳新朋友	196
人际关系需要从容的好情绪维护	200
调整好心态，别总是看不惯他人	204
真诚宽宏，情绪稳定的人才有真朋友	208
观点不一时，不要与人斗气拌嘴	212

参考文献　　　　　　　　　　　　　　216

第一章

揭开踢猫效应的面纱，
了解坏情绪是怎么传染的

生活中，情绪的感染总会在经意和不经意中影响着人的生活。的确，人生坎坷，不会总是一帆风顺，生活中有太多太多的不如意，不如意的事会或多或少地感染着每一个人，让人无法回避。坏情绪总是在有意无意中影响着他人的生活，甚至形成一系列情绪反应链，心理学上著名的"踢猫效应"能有效诠释这一现象。那么，什么是踢猫效应，人的坏情绪又是怎样被传染的呢？带着这些问题，看看本章的内容。

什么是踢猫效应

生活中，我们总会遇到一些影响我们情绪的事，平静的心会被扰乱，我们或开心，或悲伤，或愤怒，但若不排解这些激动的情绪，就会产生一个"情绪链"，而我们就是这个循环反应的罪魁祸首。其实，激动本身并没有任何破坏性，但在激动的情况下，人们会做出失去理智的事，它给人带来的负面影响可能远远大于我们的想象，会给我们的生活带来深远的影响。对此，心理学上著名的"踢猫效应"能解释这一现象。

有这样一个小故事：

老板骂了员工小王，小王很生气，回家跟丈夫大吵一架。丈夫觉得很窝火，正好儿子回家晚了，"啪"的一声给了儿子一记耳光。儿子捂着脸，看见自家的猫在身边，不分青红皂白就狠狠地踹了一脚。那可怜的猫不知所措，转身就跑，冲到街上，正遇到街上的一辆车。司机为了避让猫，撞伤了旁边的一个小孩。

这就是"踢猫效应"，是我们的不良情绪带来的结果，相反，如果我们能控制自己的糟糕情绪，就不会把它传染给身边的人，也就不会引发这一连串的问题。的确，所有的事物之间都充满了千丝万缕的联系，一条连着一条。坏情绪也同样如此，非常容易传染给他人，造成更多、更大、更糟糕的局面。

生活中的一小部分是由发生在你身上的事情组成的，剩下的大部分都是由你对所发生的事情如何反应决定的。

其实这样的现象在日常生活中随处可见。

有心理学家曾经指出，不怕别人的态度不好，最怕的是你自投罗网，让自己沦为对方的受害者。

说的是很多受到指责攻击的人，受到对方不良情绪的传染，从而让自己成为对方的发泄对象，拱手将自己的快乐让给了指责者。

有人说，人类最大的敌人永远是自己，坏情绪就像那弹簧，假如你的勇气一次又一次地后退，坏情绪就会一次又一次地前进，直到最后占据你心灵的高地，全盘操纵你的一切，你的正义、勇敢、上进、积极、坚毅的品格全都遭受无情的蹂躏和践踏。

了解了踢猫效应，我们在日常生活中如果有不良情绪，一定要妥善地控制情绪，别让坏情绪影响了亲密关系、亲子关系。

那么，如何妥善处理我们的情绪呢？一般包括三种有效方法：发泄、倾诉和哭泣。

1.发泄，给情绪提供宣泄的出口

有时候，坏的情绪真的是说来就来，从来不和你打一声招呼，就推门而入。作为一个不速之客，我们可以选择直接将它扔出去。

可以找一个没人的房间，捶打没有危险系数的海绵枕头，或者充气的棒棒锤玩具，如果你还是很愤怒，可以摔东西，首选结实又便宜的塑料杯子，摔不坏，还解气，最终的目的是把因愤怒升起来的激素降下去，否则它就会攻击我们的身体。

2.倾诉，给情绪找一个安全出口

一个人再有能力，能承受的东西也是有限的。有什么不开心的事情憋在心里，胸口就像被石头压住一样，早晚会出问题。倾诉不只是女性的权利，男人也要表达自己，不要做沉默的羔羊，被情绪的屠刀伤害。

3.哭泣，给情绪找一个解脱区

研究表明，当一个人难受哭泣时，他或她的眼泪是有毒的。在哭泣这件事上，女性非常擅长用眼泪缓解情绪，毕竟女性给人的印象是脆弱且柔软的。

而哭泣这件事对男性来说就很难为情。都说男儿有泪不轻弹，其实只是未到伤心处。也有一句歌词唱得好："男人哭吧哭吧不是罪……"

哭泣并不可耻，只是给情绪找一个解脱区域。如果哭泣能摆脱踢猫效应，那有何不可呢？

总之，希望我们都不要做情绪的奴隶，将快乐和幸福拱手让给发泄者。心若向阳，哪里都是阳光，做快乐的主人，用心追求幸福。

小小的坏心情可能影响大事件

生活是由一件件琐碎的小事组成的，这些小事随时都可能影响到我们的心情。的确，我们常常会因为一些非理性的因素而无法控制住自己，产生诸多不良的情绪，甚至导致发生了一些原本不该发生的事情。比如，某次比赛中，按照我们的能力与实力，赢得比赛是毫无疑问的，但赛程中，我们却因为一些小小的干扰因素破坏了心情，坏心情不断扩张，以至于影响了发挥水平，最终导致失败。可以说，这也是"踢猫效应"的典型现象。

曾经有这样一个故事：

1965年9月7日是世界台球冠军赛的争夺日，这场比赛在美国纽约如火如荼地举行。很多人认为路易斯·福克斯一定会在这场比赛中胜出，因为他的实力远超出其他参赛选手。在之前的所有比赛中，他的表现都很出色，就连他自己也认为，自己再次赢得这场比赛如囊中取物。

然而，我们总是挡不住意外的发生，就在比赛过程中，一只可恶的苍蝇居然飞到了主球上。

一开始，路易斯并没有太在意这只苍蝇，只是用手轻轻赶走它，然后继续比赛，但谁料到，这只苍蝇好像是对手故意派来跟他作对一样，一会儿又停在了主球上。此时，观众席上已经有人开始骚动了，很多人开始发出笑声，路易斯看到观众的反应后，心情也坏到了极点，原本他想冷静下来，此时也无法冷静了，他愤怒地用球杆击打苍蝇，球杆一不小心碰到了主球，裁判判他击球，他失去了一轮机会。

路易斯的气急败坏反而让他的对手约翰·迪瑞信心大增，连连过关；而路易斯则因为情绪失控而接连失利，最终错失冠军宝座。

路易斯沮丧地离开赛场，第二天早上有人在河里发现了他的尸体。他投水自杀了。

可以说，路易斯并不是没有能力拿世界冠军，可他的能力却被他的情绪左右，在遇到一些小状况时不够理智，没能控制和调节好这种负面情绪，最终失去了冠军乃至自己的生命。

生活中，我们经常见到有人发脾气，也经常看到有人因为发了脾气，而把事情搞得一团糟，其中的原因不是这个人的能力不够，更不是他缺乏沟通的能力，而是因为这个人1%的坏情绪，导致了最后100%的失败。

的确，生活似乎总是不那么尽如人意，甚至常常会有一些小意外，坏情绪常常在不经意间来到我们的身边，轻则破坏我们良好的心境，重则破坏人与人的关系，甚至伤害他人，而这种坏情绪也是会传染的，如果我们身处集体或团队，那么整个团队最终也会被坏情绪包围，导致整个团队的失败。

如果人们在事业长跑中没有保持一种健康的情绪，最终将无法触摸到成功的终点线。并非他们才智平庸，也不是时运不济，与其说他们是在与别人的竞争中失利，不如说他们输给了自己不成熟的情绪。

安琪是一家外企公司的职员，业务能力强，受到很多同事的欢迎。可是令她想不明白的是，为什么许多和自己一起进公司的同事都晋升了，而自己还停留在原来的位置上不动。

有一次，公司准备派一个女职员去接待合作公司的代表，安琪想："这次该我去了吧，我是公司外语最好的，没有理由不让自己去。"可是，第二天，公司还是没让她去，而是让一个新手去了。这让安琪很不舒服，她再也忍不住了。她准备找主管问清楚，当她正准备冲进主管办公室时，就在门外听到主管和经理的对话。

"经理，这样不好吧，安琪的确能力挺强的，这次是不是太伤她的心了？"

"就她那个火爆脾气，她和合作方的代表两句话不对头吵起来都说不定，我可不能让她砸了公司的生意，你们有时间也多去劝劝安琪改改自己的脾气，能力再好也不能总是情绪化，这是我们公司员工必备的素质和修养。"

这些话被门外的安琪听见了，她终于知道自己的致命弱点了，怪不得以前大家都说在这家公司必须得养个好性子，否则别想升职，她算是明白了。

后来，安琪尝试控制自己的情绪，每次当自己要发作时，她都会选择以写字的方法转移情绪。当她写了满满一页纸的时候，心情也就好了。一段时间以后，她的谈吐果然不一样了，整个人的气质也由内而外改变了很多。不到几个月，这些改变都被领导看在了眼里，她的晋升梦终于实现了，关键是，她的品质和修养也得到了提升。

曾经有一位银行家说过："如果某人情绪不稳，甚至怒不可遏，我总觉得对我自己来说不但没有坏处，更会对我的地位产生帮助。"因此，不要因为别人发怒，你便怒不可遏，要知道那正是你应当平和的时候。

当然，人不可能完全远离情绪，也不能永远那么理智和清醒，但在情绪爆发前，最好先想想会产生什么影响，是否有损你自己的利益，这时你也许就会好好约束自己，控制自己的情绪了。

遏制冲动,别成为坏情绪的奴隶

人们常说:"人都是情绪化的动物。"我们不可能毫无情绪地生活,毕竟,世事难料,但我们可以调整自己的心态,稳定自己的情绪,否则一旦被坏情绪支配,就可能带来一系列负面影响。

小罗在公司工作多年了,业绩很不错,也深受领导们的赞赏,但他最近遇上了一件让人不开心的事情。最近小罗联系到一个客户,这客户也有点怪。开始的时候说先打3000元订金,但客户只打了2990元,实际上是扣了手续费。经理就找小罗谈话了,说这客户怎么能这样合作。同时也提醒小罗交货的时候一定要收回余款。交货的时候客户说没钱,说是过两天转账。小罗心想,客户也不会因为余下的几千元钱就跑了吧,便没有收回货款。这下惹得经理不高兴了,问小罗为什么不把钱收回,如果收不回来又怎么办。小罗耐心地解释给经理听,但是经理一句话都听不进去!小罗说如果客户第二天没给钱,他会天天打电话催的,当天事情也就过去了。

在款没收回来之前,小罗可没有安静的日子过了,经理一到公司就让小罗催客户的货款。三天过后,客户把余款汇了过来,可小罗却觉得自己这几天像是在煎熬。因为经理每天都让他催款,他毅然决定辞职。他心想出去后找份工作很容易,结果出去后才知道不是自己想的那样。小罗心里非常后悔当初因一时的冲动而离职。

可能生活中,有很多人和案例中的小罗一样,因为一时冲动做出后悔的事。所以,我们不管在做什么都需要多一分冷静的思考。

其实,有时候,周围发生的事和我们并无多大关系,不要让别人的言行激起你的负面情绪。比如,当你逛街时,本来心情很好,但看到有人在街上漫骂,你马上就认为他是在骂你,或是认为他不应该这样做,于是你也跟着掺和进去,跟他对骂,结果,心情变得很糟。又比如,你穿了一件漂亮的衣服去上班,有同事看到了不仅没称赞你的衣服漂亮,还说你看起来"更胖了",你的心情马上大打折扣。

其实,我们不必对琐事太过计较,大度一点,情绪就不会爬上心头,也不会掌控我们,我们就能更优雅地生活。

"风吹屋檐瓦,瓦坠破我头;我不恨此瓦,此瓦不自由。"的确，砸到我们头上的那片瓦，是被风吹落的，并不是有意为之，生活中那些冒犯你的人何尝不是如此呢？不必生气，多为对方考虑考虑，你能赢得尊敬和赞美，成就自己良好的品质。

人们在遇到一些或悲或喜的事情时，容易激动，一下子很难冷静下来，所以当你察觉到自己的情绪非常激动，眼看控制不住时，可以及时用转移注意力的方法自我放松，鼓励自己克制冲动的情绪。对此，我们可以尝试一下深呼吸方法。

在深呼吸后，你可以通过自我暗示来平息情绪。比如，当你遇到有人超车时，你就对自己说："这个人大概有什么急事吧。"或者说："也许我的车开得的确太慢了。"那么，你就不至于发火了。事实证明，"重新判断"的确是一种极为有效的控制不良情绪的方法。

最后还有一点，就是在控制住冲动的情绪后，还要重新思考，努力打开心结，为什么会有冲动的情绪，为什么自己不能从一开始就看开点，为什么不能很好地控制情绪，这样才能从源头上遏制住冲动。

总之，在生活中，应该懂得自己掌控情绪，既不要让别人的坏情绪影响到自己，也不要让自己的坏情绪影响他人。同时，要把自己快乐、积极的情绪传递给他人。因为每个人都希望自己是快乐的，当你的积极情绪传递给他人的时候，必然会被他人所接受。

开启心理屏蔽模式，防止被他人的坏情绪传染

生活中，我们常有这样的体会：交通拥挤的十字路口红绿灯失控了，整个路面成了汽车的海洋，不耐烦的司机在鸣笛乱喊，刺耳的喇叭声充斥于耳，整个交通处于瘫痪状态，如果没有交警的疏导，不知道会拖延到什么时候，造成什么样的后果。

著名作家大仲马说："你要控制你的情绪，否则你的情绪就会控制你。"其实，情绪是可以互相感染的，尤其是坏情绪，它就像传染病一样，四处流窜，稍有不慎就有可能被感染。对此，耶鲁大学组织行为学教授巴萨德说："有四分之一的上班族会经常生气。"有的人之所以会生气，是因为受了身边人的坏情绪的影响，这就是情绪的"传染"。千万小心不要被那些流窜在我们身边的"坏情绪"传染。

美国洛杉矶大学医学院的心理学家加利·斯梅尔经过长时间的研究发现：原本性格开朗、常保持快乐心情的人，如果长时间和一个整天愁眉苦脸、郁郁寡欢的人相处，不久之后，

他也会变得心情抑郁起来，而且，一个人的同情心和敏感性越强，他越容易受到坏情绪的传染，坏情绪的传染过程是在不知不觉间完成的。

例如，在家庭中，丈夫的情绪低落，妻子就很容易出现情绪问题。坏情绪的传染时间之短令人惊叹：美国密歇根大学心理学教授詹姆斯·科因的研究证明，只要20分钟，一个人就可以受到他人低落情绪的传染。对此，要想拥有一份好情绪，就应该对自己做好保护措施，不被他人带"坏"，努力保持良好的情绪。

早上，上班路上堵得厉害，刘先生还与人发生了剐蹭事件，在一番理论和警察调解之后，他气呼呼地来到办公室。很显然，他的不佳情绪让下属也感觉到了，助手小李工作的时候小心翼翼，生怕触动了上司的地雷。无奈，刘先生的脾气还是没控制住，一天中没少骂小李。

晚上，小李带着满腔的不满和愤懑回到家，看到女朋友小燕张罗的满满一桌子菜，却始终提不起兴致，味同嚼蜡。这下小燕不乐意了，辛苦了一天，怎么连句慰劳的话也没有？小李无精打采地吃饭，看到家里的狗在脚边，不耐烦地踹了一脚，小燕这下真火了，生气地摔了碗筷，说："你对我有意见就直说，干吗拿狗撒气？我辛辛苦苦做饭不是为了看你脸色的……"

小李一听，积了一天的火气也冲了出来，说："我工作那么辛苦，你就不能体谅点？"两人的架就这样吵了起来，而且越吵越大，甚至摔起了东西，最终结果：分手！

"情绪链"也就是我们常说的"情绪感染"，它是指一个人的坏心情很容易影响几个人的好心情的连锁反应。上面的故事就是一个很典型的例子，那么，如何才能防止情绪感染呢？

我们应加强自己品格和心性的修养，多一些理性，克服自己情绪化的特点。具体来说，我们可以从以下两个方面努力：

1.离开或避开对方

如果你身边的人情绪很糟糕，他的一个眼神、一句话都有可能会勾起你心中的怒火。那么，还是先避开为妙。

2.转移注意力

如果周围有人在生气，你不妨做一些事情转移自己的注意力。例如，看报纸、看电视、唱首歌、洗个澡，做一些相对轻松的事情，这样，你就会发现自己的好心情一点也不会被影响。

的确，我们工作与生活的世界本身就是个规律运行的有机体，只要正常运转，一切都会秩序井然、按部就班。就像一架飞机、一台机器，如果操作正常，控制良好，就能发挥它们的正常作用。人的情绪也如同一台机器,一旦失控,就不能正常运转。总的来说,我们都需要学习在自己的内心设置一个情绪屏障,以此保护自己不被他人的坏情绪传染,将坏情绪挡在门外。

学会把好情绪带给别人

我们都知道，现代社会，无论是谁，都不是生活在封闭的环境中，我们必须与人交往。有接触，必然会产生情绪，无论是积极的还是消极的情绪，都会对人际关系产生影响。因此，我们发现，那些人缘好的人通常都有一个本领，当发现对方情绪不好时，他会充当心灵的慰藉者，帮他排解内心的痛苦和担忧。而当这种消极情绪被排解后，很多因情绪而引发的问题也就自然而然地被解决了。

众所周知，孙中山先生是我们的革命先驱。早年，他曾在中山大学发表过演讲，前来听讲的人很多，大家将学校礼堂围了个水泄不通。礼堂内通风差，空气不好，大家听着听着都感觉有些疲倦了。

看到这种情况，孙中山先生为了激发听众的情绪、改善场内的氛围，讲了这样一个故事：

小时候在香港读书，见过有一个搬运工人买了一张马票，因为没有地方可藏，便藏在时刻不离手的竹竿里，牢记马票的号码。后来马票开奖了，中头奖的正是他。他便欣喜若狂地把竹竿抛到大海里，因为他以为从今以后就不用再靠这支竹竿生活了。直到问及领奖手续，才知道要凭票到指定银行取款，这才想起马票放在竹竿里，便拼命跑到海边去，可是连竹竿影子也没有了。

讲完这个故事，听众议论纷纷，笑声、叹息声四起，会场的气氛活跃了，听众的精神振奋了。

孙中山先生抓住时机，很自然地将话题转回原有轨道上。

故事中，孙中山就很善于调动听众的情绪，当大家昏昏欲睡时，他通过一个巧妙的故事，将大家的关注点重新带到他要演讲的问题上。

的确，当我们遇到别人处于坏情绪之中时，我们需要做的不是对他动粗，"以暴制暴"，而是用健康的情绪感染他，转移他的注意力，引导他产生愉快的心情。实验表明，人们在相互交流接触时，情绪会通过手势、语言、眼神等方式传递给他人。我们如果能安抚别人的情绪，将自己的快乐传播给他人，将是一件很有意义的事情。

这天，正在上班的老王，接到学校老师的电话，原来，儿子违纪了，他知道儿子有时常隔着很远的距离向废纸篓内投杂物，即使散落在外也置之不理。原来儿子在学校也是这样，乱丢乱扔是学校三令五申反对的不良习惯，也是班级公约明文禁止的违纪行为。对此，老王很生气，准备晚上回家后好好教育儿子。

晚上，老王把儿子叫到书房的时候，儿子一副诚惶诚恐的模样，想来他已经知道爸爸找他所为何事，似乎也做好了接受疾风暴雨式"批斗"的心理准备。老王这时候突然想到一个问题，一旦孩子处于这种高度"防范"的状态，那么任何不理智的手段和方法都无法收到预期的教育效果，甚至可能引发对立和对抗。换一种教育方式，说不定会出奇制胜，他很想试一试。

于是，他故作随意的样子问："你是不是比较喜欢打篮球？"儿子听了一怔，继而不好意思地挠了挠头说："还行，但球技不怎么样。"

"是吗？所以你就想借助一切机会来练习自己的投篮？"

听爸爸这么一说，本来已经满脸通红的他越发显得局促不安了。最终的结果是，他不但承认了自己乱丢乱扔的错误，而且真诚地表示要努力加以改正。一次本当"秋风扫落叶"般的教育却以幽默的方式取得了令人满意的教育效果，老王深以为幸。自打这次之后，他与儿子的关系更近了一步，因为孩子认为，他的父亲很理解他。

这则故事中，老王就是个善于调适他人心情的人，几句简单的话，不仅让孩子接受了教育，还拉近了与孩子之间的距离。

同样，我们的生活中，总有一些善解人意的人，只要周围的亲人或者朋友心情不顺，他都能以敏锐的眼光在第一时间洞察出来，并能以体谅的心情安慰、关怀他们，让他们重新恢复到平静的状态。因此，如果我们也能有这样的能力，就能成为受人欢迎的人。

那么，我们该如何把好情绪传递给他人呢？

1.先让你自己变得快乐

每天早上起床时，你可以这样暗示自己："今天将是美好的一天！"尝试让这种自我激励深入到潜意识中去。当你在奋斗过程中精神不振的时候，这样的潜意识就会引导你采取热情的行动，变消极为积极，焕发奋斗的活力。

2.先体谅他人的情绪

要感染他人，首先就要理解他人。比如，他人对你不友好，或许他原本无心，只是刚刚遇到了不顺心的事，当时正在气头上，而我们无意中当了他的"出气筒"。面对这样的情形，我们不必往心里去，尽量宽容为怀，体谅他人。只有树立正确的态度，我们才可能有意愿帮助他人摆脱负面情绪。

3.表达你的热情

我们不要指望冷漠的态度会起到感染他人的作用。热情与快乐是一对连体婴儿。对方在感受到你的热情时，自然也就对你敞开了心扉，也会逐渐传达给你他的情绪。

人生苦短，人们都愿意快乐、积极地生活，因此，我们应该做的是带着笑脸工作，带着笑脸社交，尽情享受生活的甜蜜与温馨。远离一切不快情绪的传染，给家人一份快乐，给同事一份快乐，给社会一份快乐……我们的生活将会天天阳光灿烂。

4.幽默

幽默是一种特殊的情绪表现，也是人们适应环境的工具。具有幽默感，可使人们对生活保持积极乐观的态度。许多看似烦恼的事物，用幽默的方法应对，往往可以使不愉快的情绪荡然无存，立即变得轻松起来。

人生苦短，我们何必让他人承受我们的负面情绪，我们应该做的是带着笑脸回家，微笑面对朋友，用开心和快乐感染家人，感染同事，感染朋友……

第二章

情绪体察,及时发现踢猫效应的火苗并彻底扑灭

每个人都会对身边的事情产生情绪，人类本身就是情绪化的动物，都有喜怒哀乐。坏的情绪可能使我们变得盲目、冲动、急躁、易怒，生活的常规被改变，人生的帆船在飘摇，于是失落、伤感、沮丧、绝望接踵而至，甚至歇斯底里，我们最终被情绪逼进了死胡同。其实，谁都有坏情绪，面对坏情绪，只要懂得体察，就能及时消除。

做个情绪测验，了解自己的情绪稳定力

生活中，我们每个人都有情绪，而且，情绪很复杂，每时每刻都在发生着变化，快乐、激动、悲伤、恐惧、愤怒、忌妒等都有可能随时影响我们的心境。这些情绪是正常的人应该有的，不会有所谓的不好的情绪，只是看你从什么角度分析它，再转换为你自己需要的能量。控制情绪不是说没有情绪，而是了解情绪背后的原因，了解你心中真实的想法，进而转化情绪为自己所需。

因此，我们每个人有必要了解自己的情绪稳定力，否则，只能被情绪控制，成为情绪的奴隶。

文文是个漂亮的女孩，和所有女孩子一样，她爱美，但她的经济收入却不允许她购买一些高档时装，但这还是阻挡不住她逛街的欲望。这天下班后，她经过一家时装店，进去看了看，无意中发现营业员好像心情不好，估计是被老板批评了。文文也没在意，就对她说："我想试一下这件衣服。"

这个女孩慢腾腾地走过来，一边拿一边慢条斯理地问：

"你买吗？"谁都听得出来，这话有轻视的意味。

这句话严重地伤了文文的自尊心。她一下子来气了，冲着女孩说："我买不买你都要给我拿出来。我是顾客，是你的上帝！"文文很没礼貌地摔门而出。

文文心情坏透了，嘴里还不停地嘟囔，以至于在进单元门的时候跟楼下的邻居撞了个满怀，从来不骂人的她居然本能地吐出一句"神经病"。

电梯等了好久还不下来，文文的心情更糟了。

这个时候，她的电话响了，是一个在外地的大学同学打来的。这个同学告诉她，自己添了个宝宝。文文一听，高兴坏了，满腔的不愉快突然消失得无影无踪。

这个案例中，时装店营业员从领导那里接受了愤怒，又把这种坏情绪传染给了文文，带着这种情绪，文文眼中的世界都充满了敌意。每个人、每件事都好像在跟她作对。而在接到同学的喜讯后，她才又恢复了好心情。其实，文文以及与其关联的人都进入了"踢猫效应"的怪圈，也就是一旦缺乏自我管控情绪的能力，很容易被坏情绪传染。

增强运用情绪的能力，就需要我们做到时时心存感激，不忘欣赏生活的美好，保持均衡的生活，让每一天都过得有意义。

那么，我们该如何了解自己的情绪自控力呢？对此，我们不妨做一个测试：

1.你从柜子里拿出昨天刚买的连衣裙，再看看，你觉得它怎样？

　　A.觉得不称心　　　B.觉得很好　　　C.觉得可以

2.在某个时刻，你是否会觉得若干年后会发生一些不安的事？

　　A.经常想到　　　B.从来没想到　　C.偶尔想到

3.你的同事、朋友或者同学是否拿你"开涮"过？

　　A.这是常有的事　　B.从来没有　　　C.偶尔有过

4.你已经准备上班去了，但出门前，你是否会担心门没锁好、窗户是否关好等？

　　A.经常如此　　　B.从不如此　　　C.偶尔如此

5.你满意你和你最亲密的人的关系吗？

　　A.不满意　　　　B.非常满意　　　C.基本满意

6.半夜醒来，你经常会有害怕的感觉吗？

　　A.经常　　　　　B.从来没有　　　C.极少有这种情况

7.你会经常做噩梦，然后惊醒吗？

　　A.经常　　　　　B.没有　　　　　C.极少

8.你是否曾经有多次做同一个梦的情况？

A.有　　　　　B.没有　　　　C.记不清

9.有没有一种食物使你吃后呕吐？

A.有　　　　　B.没有　　　　C.偶尔有

10.除去看见的世界外，你心里有没有另外一个世界？

A.有　　　　　B.没有　　　　C.说不清

11.你心里是否时常觉得你不是现在的父母所生？

A.时常　　　　B.没有　　　　C.偶尔有

12.你是否曾经觉得有一个人爱你或尊重你？

A.是　　　　　B.否　　　　　C.说不清

13.你是否常常觉得你的家庭对你不好，但是你又知道他们的确对你好？

A.是　　　　　B.否　　　　　C.偶尔

14.你是否觉得好像没有人理解你？

A.是　　　　　B.否　　　　　C.说不清楚

15.秋天的早晨，当你起床时，你的第一感觉是什么？

A.秋雨霏霏或枯叶遍地

B.秋高气爽或艳阳天

C.不清楚

16.你在高处的时候，是否觉得站不稳？

A.是　　　　　B.否　　　　　C.有时是这样

17.你平时是否觉得自己很强健?

A.否　　　　　B.是　　　　　C.不清楚

18.你是否习惯了一回家就关上房门?

A.是　　　　　B.否　　　　　C.不清楚

19.你坐在小房间里关上门后,是否觉得心里不安?

A.是　　　　　B.否　　　　　C.偶尔是

20.当一件事需要你作出决定时,你是否觉得很难?

A.是　　　　　B.否　　　　　C.偶尔是

21.你是否常常用抛硬币、玩纸牌、抽签之类的游戏来测凶吉?

A.是　　　　　B.否　　　　　C.偶尔

22.你是否常常因为碰到东西而跌倒?

A.是　　　　　B.否　　　　　C.偶尔

23.你是否需要一个多小时才能入睡,或醒得比你希望的早一个小时?

A.经常这样　　B.从不这样　　C.偶尔这样

24.你是否曾看到、听到或感觉到别人觉察不到的东西?

A.经常这样　　B.从不这样　　C.偶尔这样

25.你是否觉得自己有某种超能力?

A.是　　　　　B.否　　　　　C.不清楚

26.你是否曾经觉得因有人跟你走而心理不安?

A.是 　　　　　　B.否　　　　　C.不清楚

27.你是否觉得有人在注意你的言行?

A.是 　　　　　　B.否　　　　　C.不清楚

28.当你一个人走夜路时,你是否觉得后面有人跟踪?

A.是 　　　　　　B.否　　　　　C.不清楚

29.听到有人自杀了,你有什么想法?

A.可以理解　　　B.不可思议　　C.不清楚

以上各题,选A得2分,选B得0分,选C得1分。请统计你的得分,算出总分。得分越低,说明你的情绪越佳。

总分0～20分,表明你的情绪基本稳定,自信心强,具有较强的美感、道德感和理智感。你有一定的社会活动能力,能理解周围人的心情,顾全大局。你一定是个性情爽朗、受人欢迎的人。

总分21～40分,说明你的情绪基本稳定,但较为深沉,对事情的考虑过于冷静,处事淡漠消极,不善于发挥自己的个性。你的自信心受到压抑,办事热情忽高忽低,瞻前顾后,踌躇不前。

总分在41分以上,说明你的情绪极不稳定,日常烦恼太多,总是处于紧张和矛盾中。如果你的得分在50分以上,则是一种危险信号,务必请心理医生进一步诊断。

  我们每个人都应该了解自己的情绪是否稳定,如果你的情绪不稳定,最好学会放松或控制,最终达到平衡情绪的目标。无论是放松还是控制,都会让情绪向更有利于你的方向发展。

怎样提升自身的情绪掌控能力

我们都知道，人是情绪化的动物，七情六欲，人皆有之。高兴时开怀大笑甚至手舞足蹈，愤怒时咬牙切齿甚至会暴跳如雷，忧愁时茶饭不思甚至彻夜难眠，悲伤时心情抑郁甚至悲痛欲绝。我们总是希望人生路上拥有好心情，但人生本身就如天气，不但会有晴天，还会有阴雨天。我们无法改变天气，却可以拥有一颗坦然之心，学会掌控情绪，也就掌控了自己的命运，相反，如果不能很好地调节情绪并保持平稳，势必会陷入痛苦的泥潭之中。因此，我们必须提升自身的情绪调控能力。

曾经，美国石油大王洛克菲勒遇到一件匪夷所思的事：

一天，他正在办公室内办公，这时，他的门被推开了，走进来一个陌生人。这个人气急败坏地走到办公桌前，用拳头狠狠捶击了一下桌子，然后咆哮着对洛克菲勒说："洛克菲勒，我恨你！我有绝对的理由恨你！"接着，这个脾气火爆的莽汉恣意谩骂洛克菲勒长达10分钟之久。

洛克菲勒公司的人听到动静后纷纷赶了过来，有管理层，还有普通职员。看到这样的情景，大家都很气愤，他们原以为洛克菲勒会打电话叫保安来带走此人，事实上，他确实可以这样做。但让大家都没有想到的是，洛克菲勒却没有这样做，而是停下手头的工作，用和善的眼神注视着眼前这位言语攻击者，而且一言不发，对方越暴躁，他就越和善。

最终，倒是这个无礼的人被洛克菲勒弄得莫名其妙，怒火渐渐地平息了。实际上，他是故意来此与洛克菲勒作对的，并且，他在攻击洛克菲勒前，已经做好了各种回击洛克菲勒的准备。但是，洛克菲勒就是不开口，这反而让他不知如何是好了。

最终，他又在洛克菲勒的桌子上猛敲了几下，仍然得不到回应，只好悻悻离去。洛克菲勒呢？就像根本没发生过这件事一样，继续拿起笔工作。

看完这个故事，我们不得不感慨，洛克菲勒确实是一个忍耐力极强的人。面对莽汉的无理取闹，如果他以同样的态度报复，情况只会更糟。

心理学认为，情绪是指伴随着认知和意识过程产生的对外界事物的态度，是对客观事物和主体需求之间关系的反映，包含情绪体验、情绪行为、情绪唤醒和对刺激物的认知等成分。

因此，如果你拒绝生气，维持对自己的控制，保持冷静和沉着，那么，就等于你已经掌控了整个局面。

有一年，美国举行了一次大型的大学生橄榄球比赛，对抗的双方是夏威夷大学队和怀俄明大学队。

比赛如火如荼地进行着，到了中场时，这两支队伍很明显已经有了胜负之分，比分为0∶22，夏队惨败，几乎溃不成军。

当夏威夷大学队的队员从比赛场地退下来进入休息室时，大家都颓废极了，因为每个人都知道自己输了。他们的教练狄克·屠迈看着这群没精打采的孩子，心里想，如果不调整他们的情绪，想要赢得比赛估计就真的没希望了。

这时，屠迈急中生智，想到一个办法，他拿出一张海报，这张海报上贴满了他多年来搜集的剪报文章，每一篇都是队伍从分数落后到扭转败局，最后赢得胜利的故事。

队员们在看完这些故事后，慢慢被激发出了信心。果然，他的努力是有效的，在下半场，夏威夷大学队的队员个个如猛虎下山，掌握全场的主动权，对手未得一分，最后以27∶22获胜。

夏威夷大学队获胜的根本原因是什么？就是教练屠迈调整了他们的情绪，由沮丧变得亢奋，由垂头丧气变得信心百倍，从而扭转败局。

可见，一个成熟的人应当有很强的情绪控制能力。无论遇到什么事情，哪怕是违背自己本意的事情，都得控制自己的情绪，不能有过激的言行。唯有如此，才能成就大事，从而实现自己的目标。

那么，我们如何提升自身的情绪调控能力呢？

1.要愿意观察自己的情绪

不要抗拒做这样的行动，以为那是浪费时间的事，要相信，了解自己的情绪是重要的领导能力之一。

2.要愿意诚实地面对自己的情绪

每个人都可以有情绪，接受这样的事实才能真正了解内心的感受，更合理地处理正在发生的状况。

3.问自己四个问题

我现在是什么情绪状态？假如是不良的情绪，原因是什么？这种情绪有什么消极后果？应该如何控制？

4.给自己和别人应有的情绪空间

给自己和别人停下来观察自己情绪的时间和空间，这样才不至于在冲动时做出不恰当的决定。

5.替自己找一个安静身心的法门

每个人都有不一样的方法使自己静心，每个人都需要找到一个最适合自己的安心方式。

总之，一个善于管理情绪的人，更容易保持平静和愉快，即使处于低潮也会乐观地应对，能承受压力，成为自己生活的主宰。他们容易理解别人，能够建立和保持和谐的人际关系，即使与人产生矛盾，也能有气度地以建设性的方式解决问题。这样的能力，决定了一个人一生的幸福和成功。

换个角度思考，就能获得好心情

曾经听过这样一个故事：有个老太太有两个儿子，一个卖伞，一个刷墙。但是，老太太天天提心吊胆，闷闷不乐，因为晴天的时候，她担心儿子的伞卖不出去；下雨的时候，她又开始发愁另一个儿子没法刷墙。后来，一位智者告诉她："要换个角度看问题，你想想，下雨的时候伞卖得多，天晴的时候刷墙正好，什么时候都不会错的。"老太太听了，笑逐颜开，再也不担心了。

其实，人生就是这样，无论你处于什么样的境地，换个角度看问题，就会发现打开了心灵的另一扇窗户。人生其实是美好的，我们所遭遇的那些根本算不了什么。人生本就是一条曲折之路，被绊倒的时候，我们应多角度看问题，打开心灵的另一扇窗，以一种积极、乐观的态度面对人生中的一切。半杯酒静静地在杯子中，来了个酒鬼，看了看摇摇头，说道："唉，只有半杯酒。"过了一会儿，又来了一个酒鬼，看到后兴奋地说："太好了，还有半杯酒。"足见，从不同的角度看问题，会让我们获得一种全然不同的心境。所以，学会换个角度看问题吧，你会发现事情远没有想象中那么糟糕。

现实生活中，我们难免会遇到一些影响情绪的问题，但只要积极面对，相信自己能成功，相信自己能获得快乐，我们就能获得成功、获得快乐。

有一天，在某个公交站牌处，一个小女孩和妈妈起了争执。

小女孩有点生气地对妈妈说："我就要去海边玩，为什么你不让我去？"

妈妈劝她："不是早说过了吗，今天出太阳了咱就去，但今天没有太阳啊，而且天气预报说还可能要下雨呢，改天再去吧。"

"妈妈骗我，今天出太阳了……"

妈妈笑了起来，问道："哪里有啊，不要骗人，你说说，太阳到底在哪儿？"

小女孩抬起头来，东看看西瞧瞧，然后指着天空喊："不是在那儿嘛。"

"没有啊，那只是乌云而已呀。"

"对呀！"没想到，小女孩一副非常认真的样子，"太阳就躲在乌云的后面呢，等一会儿乌云一走开，不就出来了吗？"

听到小女孩的话，所有等车的人都笑了。

对积极的人来说，太阳每天都在天空中，虽然有的时候我们看不见它，那是因为它正躲在云的后面，而乌云总有散开的时候，就如人生总有诸多的幸福会接踵而来。面对乌云密布，你是怎样看待的呢？如果你也能看到乌云后的太阳，那你也是个积极的人。

事实上，一个人快乐与否，很大程度上取决于自己对人、事、物的看法如何。如果我们想的都是欢乐的事情，我们就能欢乐；如果我们想的都是悲伤的事情，我们就会悲伤。的确，人生在世，快乐地活着是一生，忧郁地过也是一生，是选择快乐还是忧郁？这完全取决于做人的心态，正确的做法就是不断培养自己乐观的心态，远离悲观，这既是一种生活艺术，又是一种养生之道。

炎热的午后，在一片茫茫沙漠中，两个旅人艰难地行走着，他们渴极了，随后拿出了唯一的水壶，摇了摇，一个旅人说："哎呀，太糟糕了，我们只剩下半壶水了。"而另一个旅人却高兴地说："真幸运，我们还有半壶水！"在现实生活中，许多事情都像那半壶水一样，换个角度，你就有了不同的心情，也有了不同的答案。

换个角度看问题，我们就要有推翻成见的勇气和别出心裁的智慧，即使在黑暗的峡谷，我们也会沿着光走出来，顷刻之间，你会有一种豁然开朗的感觉。

　　总之，我们每个人，在生活中都有可能遇到一些不顺心之事，也有可能遇到重大挫折，而积极是生活的一味良药，伤心的时候乐观一点，孤独的时候去寻找快乐，热情而积极地拥抱生活，幸福就会像天使一般无声地降临到你的身边。

自我调节，别让坏心情影响你

相信在生活中，不少人会出现一些坏情绪，有时是因为遭受了一些打击，有时候是莫名其妙的，但似乎总是有很多烦心事，心情也受到影响。据心理学家研究统计表明，这些人心情不好的主要原因并不是来自生活，而是来自自己的心态，这种心态是消极的，像一把大伞遮住了人们的心灵，所以他们会觉得憋闷，心情自然不会好到哪里去。

曾经有个人怀疑自己得了癌症，吓得要死，每天食不知味，夜不能寐，焦躁不安，好像自己真的得了癌症一样。不到十天，体重就减了十几斤。后来去医院确诊，排除了癌症的可能，才知道是自己吓自己，身体也慢慢恢复了。

相反，另外一个人，已经被医院确诊为结肠癌，但他好像完全没当回事似的，家人为他担心，他反倒劝慰家人，说人活一百岁也是一死，生死没什么。接下来，他开始和癌症打起了仗，他坚信"两军相遇勇者胜"，于是不断地自我暗示："我肯定能战胜病魔，我肯定能好起来。"吃药时他念叨"这药很好，吃了一定有效果"，走路时想着"生命在于运动"……长期坚持自我心理暗示，渐渐地，这种暗示对身心产生了良好的作用，十多年来不但病情稳定，而且症状慢慢消失，他对身体的康复也越来越充满信心。

美国新奥尔良的奥施德纳诊所做过统计，发现在连续求诊而入院的病人中，因情绪不好而致病者占76%。这就告诉我们：人生沉浮，凡事往好的方面想，甚至有可能战胜疾病。

所以，生活中，无论你遇到什么事，要想保持好心情，就要做到积极地自我调节。从心理学角度讲，就是个人通过语言、形象、想象等方式，对自身施加影响的心理过程。这种自我暗示，常常会于不知不觉之中对自己的意志乃至生理状态产生影响。

自我调节的方法有很多，可以默念，也可以在心里暗示；可以大声说出来，更可以写在纸上，甚至可以歌唱或吟诵，但无论采取什么方法，都需要你坚持，如果你能每天进行十分钟的练习，就能消除你多年形成的消极思想习惯。自然，你越经常性地意识到你正在告诉自己的一切，选择积极、乐观的语言和概念，就越能创造出一个积极的现实。

具体来说，你可以这样调整自己的情绪：

1.要积极暗示自己

暗示是影响潜意识的一种很有效的方式。它超出人们自身的控制能力,指导着人们的心理、行为。暗示往往会使人不自觉地按照一定的方式行动,或者不假思索地接受一定的意见和信念。

生活是千变万化的,悲欢离合,生老病死,天灾人祸,都在所难免。一次被拒绝的失望,一场伙伴的误会,一句过激的话语,都会影响你的心情,生活中不顺心的事总是很多,这就需要你学会调节自己的心态。怎样调节呢?

最简单的做法就是用积极的暗示替代消极的暗示。当你想说"我完了"的时候,要马上替换成"不,我还有希望";当你想说"我不能原谅他"的时候,要迅速替换成"原谅他吧,我也有错呀",等等。平时要养成积极暗示的习惯。

2.告诉自己"总会有别的办法可以办到"

在竞争激烈的市场中,每天都有公司成立,每天也有公司停止运营,那些半路退出的人说:"竞争太激烈了,还是退出保险些。"问题的关键在于他们遭遇障碍时,只想到失败,所以才会失败。

你如果认为困难无法解决,就会真的找不到出路。因此,你一定要拒绝"无能为力"的想法,告诉自己"总会有别的办法可以办到"。

我们的人生就如同大海里的船舶，随时都可能经历风浪，没有不受伤的船，也没有不经历磨难的人生。生活中的你，无论遇到什么，都不应该一味地怨天尤人和自暴自弃，而应该学会坚强，学会乐观，要学会控制好情绪，更要学会调整自己的心态。保持好精神，拥有好心情，才是至关重要的。

只要我们懂得扭转，就能让内心充满阳光

生活中，我们每个人都有情绪，这些情绪都很复杂，每时每刻都在发生着变化，其中难免会有快乐、激动、悲伤、恐惧、愤怒、忌妒等，它们可能随时影响我们的心境。事实上，这些情绪都是正常的人应该有的，但面对那些消极的情绪，我们需要懂得从潜意识里扭转，因为潜意识是可以选择的，开心或者快乐、激动或者平静，都是可以被我们掌控的，因此，心理学家认为，在很多坏情绪面前，只要我们懂得扭转，就能让内心充满阳光。

马克·吐温说："世界上最奇怪的事情是，小小的烦恼，只要一开头，就会渐渐地变成比原来厉害无数倍的烦恼。"对那些习惯于活在抑郁、悲观生活里的人，一点小小的烦恼恰似一颗毒瘤，每天都在不停地生长着，最终，毒瘤化脓，而他自己则被抑郁吞噬了。悲观、抑郁被称为"心灵流感"，在现代社会中，它成为一种普遍的情绪，却并没有引起人们足够的重视，或许有人认为一点抑郁或悲观算不了什么，离真正的抑郁

症还远着呢。但是，长时间的抑郁或悲观，会让我们感到失望，心智丧失，就好像长期生活在阴影里而无力自拔，给我们的生活带来严重的影响。因此，为了使生活变得丰富多彩，我们应该远离悲观和抑郁，积极调整自己的心态，走出抑郁、悲观的阴霾，重见灿烂的阳光。

关于美国前总统里根，有这样一个故事：

从小里根就是个积极乐观的孩子，然而，和他不同的是，他的弟弟却是个典型的悲观主义者。

爸爸妈妈很希望能改变弟弟的性格，因此，他们准备采取措施。一天，他们送给里根一间堆满马粪的屋子，送给悲观的弟弟一间放满漂亮玩具的屋子。过了一会儿，爸爸妈妈走进了弟弟所在的房间，发现弟弟蜷缩在角落里哭泣，而大多数的玩具没有被动过。爸爸妈妈问他为什么哭，他说自己不小心弄坏了其中一个小玩具，害怕爸爸妈妈会骂自己，所以就哭了起来。

爸爸妈妈牵着悲观的弟弟的手，来到了里根的屋子，打开门，发现里根正兴奋地用一把铲子挖着马粪。看到爸爸妈妈来了，里根高兴地叫道："爸爸，这里有这么多马粪，附近一定会有一匹漂亮的小马，我要把这些马粪清理干净，一会儿小马就来了。"

长大后的里根做过报童、好莱坞演员、州长，最后成为美国总统，他是第一位演员出身的美国总统。在这样一个成长过程中，正是里根乐观积极的性格造就了他最后的成功，得到了美国人民的喜爱和拥护。乐观成为里根成功路上的助推器。那些一味抱怨的悲观者，看到的总是事情的灰暗面，即使到了春天的花园里，他看到的也只会是折断了的残枝和墙角的垃圾；而内心充满希望的乐观者看到的却是姹紫嫣红的鲜花、飞舞的蝴蝶，自然而然，他的眼里到处都是春天。

我们的生活状态在很大程度上取决于我们对生活的态度，取决于我们看待问题的方式。每个人的人生都是从一张白纸开始的，以后发生的事情都会渐渐在白纸上绘满轮廓，包括我们的经历、我们的遭遇、我们的挫折。乐观者会从中发现潜在的希望，描绘出亮丽的色彩；反之，悲观者总是在生活中寻找缺陷和漏洞，看到的都是满目黯淡。

曾有医生对自己的病人说："乐观的态度，是你最好的药。"有一位虔诚的作家，在被人问到该如何抵抗诱惑时回答说："首先，要有乐观的态度；其次，要有乐观的态度；最后，还是要有乐观的态度。"

用乐观的态度对待人生便是微笑着对待生活，微笑是乐观击败悲观的最有力武器。无论命运给了我们怎样的"礼物"，都不要忘记用自己的微笑看待一切。微笑着，人生才能一点点打开利于自己的局面。在饱受约束的现实生活中，要让心灵快乐地飞翔，微笑应该是一种境界。

苏轼的《题西林壁》云："横看成岭侧成峰，远近高低各不同。不识庐山真面目，只缘身在此山中。"看似浅显，其实饱含生活哲理。人人要面对红尘命运中的各种磨难和悲辛，身在其中，心思却能够跳脱其外，以那种怀禅的释然、纳海的胸襟、平和的意绪，坦诚面向未来一切莫测的事变，尽享祥和的微笑。

日常生活中，丢了钱财，路遇堵车，看起来很倒霉，一些人或许会为此懊恼一整天，认为老天对自己不公平，心里十分不开心。但在工作和生活中带着这种郁闷的情绪，对自己有什么好处呢？反过来，把这些不顺心当作生活中的一部分调料，乐观地看待，或许你会有另外一番心情……抱着这样的态度看待生活，还会有什么不开心的事，还会有什么烦恼呢？

学会自我安慰,凡事乐观一点

生活中,我们经常听到这样一些谚语,如"和气生财""家和万事兴",这些谚语都说明一个道理:因果联系。积极的人生态度往往能带来成功的希望。

事实上,那些总是保持良好心情的人,其实也并不是没有烦恼,而是因为他们懂得自我安慰。

我们每个人只有在心里种下积极的种子,才能结出幸福的果实,因为任何人的一生,都是自己用心描绘的,无论处于多么严酷的境遇之中,都绝不能让自己的心被悲观的思想控制,应该懂得适时自我安慰并调节,让自己乐观豁达起来。罗根·史密斯说过这样一段话:"人生应该有两个目标,一是得到自己所想的东西;二是充分享受它。只有智者才能做到第二步。"

众所周知,爱迪生是著名的发明家,在他成名之前,他的生活是困苦的。他做过很多的临时工,比如报童、餐厅服务员等,即便如此,他也没有放弃自己的发明工作。有时候即使饭也吃不上,他还是会坚持,即使面临数百次乃至上千次的失败,他也没有放弃。对此,他的说法是:"即使再贫困,我也要去发明。失败了怕什么,至少我知道以前的方法是不对的。"

其实,爱迪生的这一说法就是一种"精神胜利法",他之所以有所成就,就是因为他不断自我安慰,让自己更有信心,进而打败了失败。

人生在世,谁都会遇到让自己不快的事,我们要学会心理调节,这是人生成败的决定性因素之一。如果一个人在这一方面迷惑不解,就要借助自己的理智去解决。"精神胜利法"可以让我们更好地满足于自我安慰的需要。反之,如果一个人无法调整自己的心态,那么他就无法获得乐观的人生。人们常说的心想事成,就是这个道理。

据说,从前有个勤奋向上的姑娘,她的工作是裁缝。一天,她为法官缝补法袍,不但缝补得很认真、很仔细,还对法袍进行了自己的创意改装。有人问她为何这么用心时,她说:"我要让这件袍子经久耐用,直到我自己作为法官穿上这件袍子。"终于,有一天,这位姑娘心想事成,真的成为一名法官,且穿上了这件法袍执行判决工作。

人的心灵有两个主要部分——意识和潜意识。当意识做决定时，潜意识则做好了所有的准备。换句话说，意识决定了"做什么"，而潜意识便整理出"如何做"。意识就好像冰山浮出水平面上的一角，而潜意识就是埋藏在水平面下很大很深的部分。

生活中，人们都希望万事顺意，但事实上那只是我们美好的愿望。大部分时候，我们都免不了遇到不顺心的事，此时，如果我们自暴自弃，那么，人的一生就是失败的；而如果我们能学会自我安慰，就能获得乐观向上的心态。要知道，没有鲜花灿烂的日子，能拥有一簇簇的绿叶也不错；没有硕果丰收的日子，能拥有根也是收获；没有快乐的日子里，我们不能失去坚持的信念。即使经历一千次的失败，我们依然要笑对生活！

有人说，态度决定一切，这话是很有道理的。不同的心态看问题时的眼光、角度都是不同的，事情产生的结果也是不同的。

我们也听到，生活中，很多人总是抱怨自己活得累，烦恼不断，而其实，谁没有烦恼呢？只要生存，就有烦恼。痛苦或是快乐，取决于你的内心。人不是战胜痛苦的强者，便是向痛苦屈服的弱者。再重的担子，笑着也是挑，哭着也是挑。再不顺的生活，微笑着撑过去了，就是胜利。

每天保持一种乐观的心态,如果遇到烦心事,要学会哄自己开心,让自己坚强自信,只有保持良好的心态,才能心情愉快!

第三章

堵不如疏,学会情绪释放才能防止踢猫效应的产生

在生活的重压下，我们难免会产生坏情绪，如果一味地压制这些情绪，问题并不会因此解决，反而可能会形成不良的情绪反应链，也就是"踢猫效应"，同时，积压在身体内部的负能量还会不利于我们的身心健康，所以压抑绝不是面对坏情绪的最好方法。为此，我们有必要寻找最佳宣泄负面情绪的方法，这就是接下来的章节要讨论的内容。

负面情绪来袭，一定要找到合理的宣泄渠道

人都有喜怒哀乐，对于周遭发生的一切，我们都会产生这样那样的情绪，那些脾气好、心态好的人，并不是没有情绪，而是找到了正确的宣泄负面情绪的方法，他们不会任由坏情绪掌控自己，甚至传染给身边的人，让他们成为情绪发泄的对象。面对坏情绪，我们一定要找到合理的宣泄渠道，才不至于影响我们的工作、生活和身心健康。

美国《读者文摘》中记载了这样一个故事：

一天，一位医生深夜值班时，街道突然打来一个电话，还没等到医生问对方是谁，有什么需要帮助的时候，对方就开始骂骂咧咧了："我恨透他了！"

"他是谁？"医生继续问。

"他是我的丈夫！"

医生心想，这位女士一定是打错电话了，于是打断了她，然后提醒她："你打错电话了。"

然而，这位女士似乎根本没听到医生的话，还是继续唠叨

着:"我们家有四个孩子需要照顾,我一天到晚累死累活,根本没时间好好休息,我很累的时候也想出去走走,但他根本不允许,而他自己却天天晚上出去半夜才回来,一问他,他就说自己需要应酬,谁会相信……"

尽管这位医生一再打断她的话,告诉她,他并不认识她,但她还是坚持说完自己的话。最后,她对这位素不相识的医生说:"您当然不认识我,可是这些话已被我压了很久,现在我终于说出来了,舒服多了,谢谢您,对不起,打扰您了。"

我们可以发现,宣泄对一个人的情绪调节有很大的作用,若一味地压抑自己的情绪,不良情绪长期得不到宣泄,会使人们在心理上形成强大的潜压力,导致精神忧郁、孤独、苦闷等。一旦这种心理压力超越了人们的承受能力,就可能导致精神失常。

20世纪20年代中期,美国有一家叫霍桑的工厂,是美国西部电器公司的一家分厂。

很久以前,这家工厂工人的工作效率很低,怎么办呢?管理者请来了很多专家,希望能调动员工积极性,提高工作效率。这些专家中,有一些是心理学家,这批心理学家对这些工人进行了为期两年的谈话实验,耐心听取工人对管理的意见和抱怨,让他们尽情地宣泄。

意想不到的是，心理学家们的"谈话实验"真的产生效果了，这些接受谈话的工人们，他们不再抱怨，工作起来也有动力了，工厂的效率也提升了很多。为什么会有这样的结果呢？

事情是这样的：这些工人在长期高强度的工作中，逐渐认识到了工厂的规章制度、福利待遇的不合理性，心生不满，但又无法宣泄这种不满的情绪，经年累月，工人们将这些负面情绪带到了工作中，进而影响了工作效率，而"谈话实验"使他们尽情地宣泄出这些不满，从而感到心情舒畅，干劲倍增。

于是，社会心理学家将这种奇妙的现象称为"霍桑效应"，即指那些意识到自己正在被别人观察的个人具有改变自己行为的倾向。霍桑效应告诉现实生活中的人们，不良的情绪会影响我们的生活和工作，只有及时宣泄，保持良好的心情，才能以最佳的精神状态投入到工作和学习中。

其实，生活中，让我们产生负面情绪的事情实在太多，如果一味地压制这些情绪，问题并不会因此解决，同时，积压在身体内部的负面能量反而不利于我们的身心健康，比如会引发头痛、胃病等，所以压抑绝不是面对愤怒的最好方法。

所谓合理发泄情绪，是指在心中产生不良情绪时，选用合适的方式方法，选择合理的场所发泄。

1.找人倾诉

当你觉得压力大、心情压抑的时候，可以找个人倾诉，倾诉的对象可以是你的朋友、同事，也可以是你的亲人，这样，当你的负面情绪发泄出来时，精神会得到放松，心中的烦闷也会消解。

2.转移法

伍德亨先生是美国金融公司经理，他从年轻时就养成了调节情绪的方法，因而有很高的涵养。那时，他还是公司里的一个小职员，被同事们轻视。

有一段时间，面对同事们的轻视，他实在忍无可忍了，因而决定辞职。

临行前，他将对公司每个人的不满都写在了纸上，宣泄自己的情绪，但当他写完之后，他的心情好多了，并决定留在公司。

从这次之后，他找到了宣泄心中愤怒的方法，每次感到愤怒时，他就会将心中的愤怒写在纸上，写完后就会感觉轻松不少。当然，他会将这些写满字的纸条藏起来，因为一旦被别人看见，会造成一定的不良后果。

后来，同事们知道他这种宣泄怒气的方法后，都觉得他极有涵养。上司知道后，也对他颇为重视。

坏情绪是影响人际关系的"无形杀手"，然而，我们却无一例外地受七情六欲的影响和支配，都会被各种情绪困扰。我们要学会转移，通过其他行为转移自己的注意力，而逐渐淡化不良情绪。

3.换个环境

比如，当你被上司责骂后，你可以走出办公室透透气；当你在家中和爱人吵架后，你也可以走出家门散散心；有时间，你也可以去大自然中透透气或者旅行，我们的心绪常常能得到舒缓和放松。

4.大声哭出来

哭是人类宣泄不良情绪的一种本能行为。有医学研究表明，女性之所以比男性长寿，一方面是因为女性身材矮小，消耗的体能较少，还有一个重要的原因是女性喜欢倾诉和哭泣。也就是说，爱哭的人其实比哭得少的人更健康。所以当我们心中积压了不愉快的情绪时，不要强忍着故作"坚强"，不妨尽情地哭出来。

5.高歌法

唱歌尤其是高歌，除了愉悦身心外，还是宣泄紧张和排解不良情绪的有效手段。

6.摔打安全的软物品

你摔打的物品必须是安全的，如枕头、皮球、沙包等，狠狠地摔打,你会发现当你精疲力竭时,内心是多么畅快。

　　人不仅要有感情,还要有理智。如果失去理智,感情也就成了脱缰的野马。在陷入消极情绪而难以自拔时,我们不能压抑,而应该适时找到宣泄的方式,才能及时卸下包袱,继续前行!

大声呐喊，放走坏情绪

现代社会，我们大部分人都要面临生活、工作的压力，有时候会压得我们喘不过气来，任何人承受压力都有一定的极限。当我们感觉压力太大时，常常会心情烦躁，却苦于找不到解决的方法。其实，良药在于我们自身，季羡林先生曾说："心态始终保持平衡，情绪始终保持稳定，此亦长寿之道。"当坏情绪来临时，我们有必要加以排遣，而非压制。

生活中的你，不知道是否遇到过这样的情况：你必须在八点之前赶到公司，为此，当六点的闹钟响起时，你就不得不起床，因为你还要为孩子做早饭，帮孩子穿衣服，然后将孩子送到学校。然而，当你一边给孩子做早饭，一边叫了他几次，孩子都不愿起床时，你的火就被点燃了。你正准备走到孩子房间骂他，结果你又不小心打翻了刚为孩子热好的牛奶，你更生气了。一顿胡乱收拾后，你终于出发了，可是到了公司后，你发现自己还是迟到了十几分钟，你的名字已经被挂在了迟到者名单上，这月奖金又没了，你心里倍感委屈，生活怎么这么艰辛？

其实，这些情况都是"踢猫效应"的典型表现，要避免"踢猫效应"带来的一系列负面影响，我们有必要从源头上控制，其中最重要的就是在负面情绪产生时就加以排解。

不得不说，在生活、工作中，类似于这样的让我们产生负面情绪的事情实在太多，孩子不听话、同事不合作、上司没来由的批评等，都会成为我们烦躁不安和坏情绪的导火索。此时，如果我们处理不当，很有可能影响工作和学习，还会影响身心健康。

某公司有两个员工，小王和小李，二人的工作类型和工作强度都差不多，却呈现出完全不同的工作状态，两个人的人际关系也不同。

小王在公司与人为善，几乎没人和他红过脸，每天，他都能带着饱满的精神来上班，也有很好的工作业绩。但是小李呢？他总是怨声载道，好像谁都欠他的，因此总是和周围的人相处不好，糟糕的人际关系也让小李的工作很不顺心。他也反思过，但他不知道怎样才能改善，也不知道同事小王是怎么有这么好的修养的。

有个周末，小李准备去小王家玩，却发现他正在顶楼上对着天上飞过的飞机大喊，小李就好奇地问他原因。

小王说:"我的出租房离飞机场较近,每当飞机起飞的时候,会发出巨大的声音,一开始这让我心情很不好,于是我对着飞过的飞机大喊,奇怪的是,我发现大喊以后整个人心情都好了。所以在这之后,每次我心情差或者感到委屈和压力,想发脾气的时候,就会跑到楼顶大喊,等飞机飞走了,我的不快、怨气也被飞机一并带走了!"

怪不得小王脾气这么好,原来他并不是没有烦恼,而是懂得怎么宣泄,小李这下子彻底明白了。小王还告诉了小李很多可以发泄自己情绪的方法,比如他还经常去无人的地方大声呼喊,从而不把这些情绪带到公司和其他场合。

从此以后,小李便也尝试着运用小王告诉他的方法来宣泄自己的坏心情,果然,这些方法很有效,小李为自己的不良情绪找到了一个出口,疏通了心中的堵塞之处。自此以后,他整个人都变了,不再像个炸药包,而是温和、有修养多了。

这里,小王发泄坏情绪有自己的一套方法——呐喊法。

的确,每个人都会产生不良情绪,比如,愤怒,这很正常。我们不要把这些情绪压抑在心中,因为一味地压抑心中不快,只能暂时解决问题,负面情绪并不会消失,久而久之,就可能填满我们的内心世界,使我们的身心越来越疲惫。因此,除了自我调节和消化外,我们还应该给不良情绪找个宣泄的出口，让它尽快释放，正所谓"堵不如疏"。

据说日本有个极具规模的呐喊节。每年到了这个时节，全国各地的参赛者或观众云集于大山深处，有组织地按规则和程序呐喊。举办呐喊节，旨在引导人们认识和体验呐喊的心理调适作用，鼓励大家在需要时身体力行。正是人们通过呐喊而受益，呐喊节才被越来越多的人认可并积极参与。

这里需提醒大家的是，心理宣泄虽然有积极的作用，但也可能引起不良后果。我们所说的"宣泄"并不是指纵情发泄，不能把宣泄误解为"想说就说，想做就做"或"想打就打，想骂就骂"的"尽情发泄"。因为这种只顾一时痛快的宣泄虽然可使我们一时解气，却可能导致更加糟糕的后果。另外，我们在宣泄不良情绪的时候，还要注意不要给自己和他人造成伤害，而且宣泄情绪也不能没有节制，以免养成一种不顾后果随意发泄的习惯。

说出来，你的心情会放松很多

正如心理学家指出的，每个人都应该学习一些有效的心理减压方法。这样做，不但能够减轻这些不良事件对当事人的心理伤害，而且可以帮助我们身边的人更好地处理这些不良事件，何乐而不为呢？

心理学家认为，对别人说出自己遇到的压力、烦恼，有宣泄的作用。我们都知道，人虽然有一定的抗压能力，但如果压力过大不加排遣，一个人闷在心里或独自受委屈，便对健康不利。而与别人交谈能让他们分担你的感受，让压力得到分散。倾诉压力和烦恼的过程，就是整理、清晰化自己思路的过程，对减压有益。

因此，当我们心情压抑的时候，不妨找个倾诉的对象，主动说出心中的烦闷苦恼，如果长时间压抑的话，就会给人们的身心健康带来危害，尤其是那些性格内向、不善交际的人，多半是无法靠自己的力量自我调节的，因此，可以选择通过向信赖的好友倾诉来排遣。有些事情其实并不像当事者想得那么严重，然而一旦钻牛角尖，就越急越生气，如果请旁观者指导指导，可能就会豁然开朗、茅塞顿开。

每天为生活劳累的人们，如果告诉朋友你的压力和困扰，可以让你觉得舒服些的话，这未尝不是个减压的好方法。说出你的压力，也许你会觉得舒服很多。你也可以找一些可以信任的朋友，一起出去喝喝咖啡，告诉他们你的困扰。

值得注意的是，要注意自己的方式和方法，否则会造成新的人际关系问题，从而带来新的烦恼。因此，在运用这种方法时，要注意以下几点：

1.主动结交朋友

有人说"知己难寻""朋友多了路好走"，这些话都表明了友情的珍贵，也表明了人们对友情的渴望。两个亲密的朋友会无话不谈，即使是在很远的地方也能够感觉到彼此之间的存在，会互相帮助，共同成长，对自己有益无害。真正的朋友是能在你困难时支持和鼓励你的人。也就是说，拥有几个可以掏心掏肺的知己，才能在自己需要时获得他们的帮助。

正因为如此，我们每个人都不要拒绝友谊，要主动结交朋友，比如，每天我们坐公交车、去图书馆或者在公园散步时……都可以在合适的时候与人交谈，若有机会，双方就可以进一步成为朋友。即使没有机会，一个微笑、一句问候的话，都可以带给自己和别人一些温暖，让这世界变得美好些。

2.选择能替你保守秘密的对象

当我们内心有难以排解的压力和不快时，可以向他人倾诉，但是在找人倾诉时，一定要注意一个前提，那就是保证对方能替你保守秘密。如果你说的话很快就被对方泄露了，那么便会出现新的烦恼。

随着社会的发展，人与人之间的关系变得异常紧张，越来越多的人会选择不认识的人作为自己的倾诉对象，比如一些人宁愿向网友吐槽也不告诉自己的同事、朋友，其实这不失为一种既能宣泄坏情绪，又能保证隐私的好方法。

3.把控好自己倾诉的频率

在向他人倾诉这一问题上，一些人会选择告诉自己比较亲密的人，但即便再亲密的朋友，你也要注意倾诉的频率，不能过于频繁。如果你经常在某人跟前唠叨同一个问题的话，会给人心理上带来厌烦的感觉，可能别人前几遍会认真对待，但你一直说下去，对方可能会敷衍你，更有甚者会引发双方关系紧张，为自己带来新的心理负担。

4.接纳他人的开解思路，主动做积极的情绪调节

你既然向他人倾诉，就要适时调整自己的思维和心态，要顺着对方的开解思路思考问题。俗话说，旁观者清，当你深陷

其中的时候，你可能无法全面了解当前的情形，这也是为什么你内心会出现各种困惑，此时，如果你能接纳他人的开解、主动跳出思维困局，你会瞬间豁然开朗。

面对来自工作和生活中的压力，我们只有学会了积极主动地化解内心所承受的压力，才能保证身心的健康，从而为自己创造高质量的生活。如果你还在为一些事情感到心烦意乱，那么就大胆说出内心的苦恼吧，相信心情会好起来的。

不妨大哭一场，重新获得力量

生活中，我们发现，当某个人心情很差的时候，我们会这样劝："没事，笑一笑。"很少有人劝其"哭一哭"。因为在我们看来，只要"笑"就代表开心了，但实际上，真正能释放内心压力的方法是哭泣，而不是微笑。

心理学家曾经做过这样一个实验：他们将一群人分成两组，一组是血压正常者，另外一组是高血压患者，心理学家分别问这些人是否哭泣过，结果表明，血压正常的这些人中，有87%的人偶尔有过哭泣，而高血压患者却表示过去很少哭泣和流泪。

我们发现，抒发情感要比深深埋在心里有益得多。

周先生是一名企业高管，在他30岁之前，一切顺风顺水，他有个美丽贤惠的妻子。然而，就在他三十岁生日当天，命运跟他开了个玩笑，刚怀孕五个月的妻子在家中滑了一跤而流产。这次流产后妻子被诊断为不孕症，更不幸的是，整天心情郁闷的妻子在一次交通事故中丧生。

一段时间以后，周先生心如死灰，但他还是坚持努力工作，并担任了几家小公司的兼职顾问。虽然很累、很操心，甚至很压抑，但他知道作为男子汉，绝不能流一滴泪，朋友都夸周先生是个硬汉！

后来，周先生总是头疼失眠，甚至已经严重影响到自己的工作，去医院检查也没有什么病，就随便开了些头疼药，但头疼失眠的毛病并没有缓解。

后来，他的朋友带他去看了心理医生，心理医生说，他内心的悲痛压抑太久了，如果想哭，就哭出来。在医生的建议下，他将心中的苦楚全部用泪水的形式宣泄了出来，整个人也轻松了很多。

长时间以来，人们都认为，哭会对人的健康有害。然而新近科学家们的实验与研究却给了我们一个截然不同的结论：哭对缓解情绪压力是有益的。

事实上，哭是人类宣泄不良情绪的一种本能行为。有研究表明，女性之所以比男性长寿，除了女性身材矮小、代谢消耗低和生活工作环境相对安全以外，主要的原因是女性喜欢倾诉与哭泣。还有研究表明，哭得多的人比哭得少的人要健康。因此，当我们心中积压了不愉快的情绪时，不要强忍着故作"坚强"，该哭时不妨尽情地哭。

心理学家克皮尔曾经做过一项调查，调查的对象有一百多人，他将这一百多人分成两组，一组是健康的，一组是患病的。在第二组中，患病的人患的都是与精神因素有密切关系的疾病——胃溃疡和结肠炎。结果显示，健康组的人平时哭泣的频率比患病组高得多，而且他们表示哭出来后，会感觉更轻松。

接下来，克皮尔继续研究，他发现，人们在情绪压抑时，会产生一种活性物质，而这种物质是对人体有害的，哭泣会让这些活性物质随着泪水排出体外，从而有效地降低了有害物质的浓度，缓解了紧张情绪。有研究表明，人在哭泣时，其情绪强度一般会降低40%。这就解释了为什么哭后感觉比哭前要好许多。

美国生物化学家费雷认为，人在悲伤时不哭有害健康。他还发现，长期不哭的人，患病率比哭的人高一倍。

为此，我们可以得出结论：哭是有益健康的。由情绪、情感变化而引起的哭泣是机体的正常反应，我们不必克制，尤其是人们在内心压抑时，无需故作坚强、强忍着不流泪，这样只会加重自己的心理负担，甚至会导致生理上的疾病。因为人的负面情绪一旦积聚又得不到任何宣泄的话，神经将会高度紧张，久而久之，会导致神经系统的紊乱，由此使得身心健康受到损害，促成某些疾病的产生与恶化。而哭泣则能让负能量得到宣泄、坏情绪得到释放，从而有效地避免某些疾病的产生或发展。

　　我们应该看到哭泣的正面作用，它是一种常见的情绪反应，对人的身心都能起到有效的保护作用。因此，当你遇到某种突如其来的打击而不知所措时，不妨先大哭一场，不要害怕别人的眼光，哭没什么见不得人的。

运动是一种行之有效的排解压力的方法

人们常说:"生命在于运动。"运动是保持身体健康的重要因素。早在2400年前,医学之父希波克拉底就讲过:"阳光、空气、水和运动,这是生命和健康的源泉。"生命和健康,离不开阳光、空气、水分和运动。长期坚持适量的运动,可以使人青春永驻、精神焕发。

现实生活中,许多人会面临工作、生活、学习等方方面面的压力,不良情绪常常不期而至。对此,有些人选择向他人发泄,有些人选择闷在心里,也有人感到无所适从。殊不知,运动是一种行之有效的排解压力的好方法。

高考的成绩下来了,小凯只差了一分,被理想中的大学拒之门外。当他得知这个消息的时候,伤心得说不出话来。这一年,他付出了太多的艰辛,结果却如此收场。他有些接受不了这个事实,接连几天,他的心情都糟透了。

刘宇是他的朋友,得知这个消息之后,于这天傍晚来到了小凯的家。小凯无精打采地坐在沙发上叹气。刘宇走过去狠狠地拍了小凯一下，说："怎么的，哥们，蔫了？"小凯狠狠地瞪了刘宇一眼，说："别招我，我正烦着呢。"刘宇当作没听见一样，又狠狠地拍了小凯一下说："我就招你了，怎么的？"小凯刚好在气头上，他翻起身来，冲着刘宇的脸，狠狠地打了一拳，刘宇不甘示弱，爬起来用力推了小凯一下。

于是，两个人打了起来。几分钟之后，两人躺在地上喘着气，这时候，刘宇说："怎么样，感觉舒服一点了吗？"小凯看着刘宇，一下子翻了起来。他冲着刘宇说道："好多了。"说着，给了刘宇一个拥抱。之后，他说："走，咱们打球去。"说着钻进了屋里，拿出了篮球。

这可是他们俩的最爱。在复习会考的时候，他们经常用打篮球缓解压力。有事没事总会打打篮球。于是，两人一起来到了操场上，欢蹦乱跳地打起了篮球。尽管热得大汗淋漓，可是两个人有说有笑，非常高兴。看到小凯生龙活虎的又活了过来，刘宇露出了开心的微笑。

故事中的刘宇得知好朋友小凯遭受了高考失败的打击后，来到了小凯的家里，故意煽动，继而和小凯之间发生了打斗，这个过程事实上是让小凯在打斗之中发泄内心的抑郁情绪。在打架的过程中，小凯进行了剧烈的运动，内心的不满得到了很好的发泄，心情一下子好了很多。可见，运动能让阴郁的心情得到好转，能让内心的不满和压抑得到发泄。

不知你有没有这样的体验：当情绪低落时，参加一项自己喜欢又擅长的体育运动，可以很快将不良情绪抛之脑后。这是因为体育运动可以缓解心理焦虑和紧张，分散对不愉快事件的注意力，将人从不良情绪中解放出来。另外，疲劳和疾病往往是导致人们情绪不良的重要原因，适量的体育运动可以消除疲劳，减少或避免各种疾病。

对大多数人来说，日常生活中，只要我们能多参加运动，适当调节自己的心情，就能获得快乐的心情，赶走不快的情绪。因为运动的效果是积极的，它可以激发人的积极的情感和思维，从而抑制内心的消极情绪。此外，运动时能促进大脑分泌一种化学物质——内啡肽。内啡肽可以帮助我们减少抑郁、焦虑、困惑以及其他消极情绪。而且通过改善体能，也能增强自我掌控感，重拾信心。

不要再给自己找借口不运动了。运动对我们最大的好处，就是让我们的身心更加健康。如果你发现某些运动非常适合你，这会使运动更加有趣。如果你非常期待某项运动，你也有可能会喜欢上这项运动。当然，运动贵在坚持，一项运动至少应该坚持三周。一个能持之以恒花时间运动的人，一定会得到回报！

在美国人眼里，总统布什是在坚持运动方面的楷模。布什平时没有很多时间进行户外运动，为此，他将跑步的项目放到了健身房，还进行了一些力量型训练，比如坐姿推举、扩胸与扩背等运动。

为了锻炼身体，布什经常利用一切可以利用的时间。曾经在访问墨西哥的途中，他就在空军1号会议室里的1台跑步机上跑步。可以说，布什是走到哪里就跑到哪里，他跑步的身影在美国许多地方出现过。在总统套房里、在戴维营的林间小道上，当然，还有位于白宫顶楼的健身房内。

他个人跑步的最好成绩是6分45秒跑完1英里（约1.61千米）。

布什每周跑步4~5次，举重至少2次。其中，周四长跑，周日一般进行快跑训练，其他时间进行慢跑和器械练习。

在经过一段时间的剧烈运动后，很多所谓的烦恼都会被抛到九霄云外，你会觉得身心畅快。

当你心烦意乱、心情压抑时，适度运动可带来好心情。虽然运动对人排解不良情绪有益，但应该把握适当的度，否则会对身体机能造成损害。并且，你要选择自己喜欢的运动，这样才能持久地进行下去。

第四章

情绪屏蔽,防止成为他人踢猫效应的"受害者"

心理学家们认为，保持积极的情绪状态，并防止被坏情绪"传染"考验着人们的智慧和心理素养。的确，情绪是可以传染的，因此，我们每个人也都应该懂得调控情绪，既不要让别人的坏情绪影响到自己，也不要让自己的坏情绪影响他人，这样，才能防止进入踢猫效应的恶性循环。同时，我们也要把自己快乐、积极的情绪传递给他人。因为人人都渴望快乐，排斥痛苦，当你传递给他人积极情绪的时候，会更容易被他人接受。

保持积极的情绪,防止被坏情绪"传染"

生活中,相信不少人都有这样的体会:原本你在快乐地工作,但你的同事刚被老板训了一顿,他怒气冲冲地回到自己的座位上,对大家说:"我今天心情糟透了,谁也别来烦我。"此时,你的心情是不是也变得糟糕了?当同事向你抱怨工作不顺、家庭不幸福时,你是否也觉得自己很艰难?同事大倒苦水时,你是否面露关怀之色,认真倾听?的确,生活中,我们的情绪无时无刻不受人影响,并影响着别人。美国一项研究显示,倾听同事的牢骚会增加自己的压力,因为坏情绪会"传染"。

莉莉30岁了,是一名企业白领,和同龄的很多女性一样,她在职场也有一些要好的闺蜜,在谈到情绪传染这个问题时,她说:"坐在我旁边办公的女孩总是抱怨她婚姻不顺,整天跟我说她老公和公婆,细致到每顿饭吃什么。"天天被这些牢骚"洗脑"后,莉莉也开始反思自己的感情问题,经常会思考一些细节问题。就这样,原本婚姻幸福的她,也总是无缘无故和老公吵架。

其实你也会发现，在你周围发生的事，有时候与你并无多大关系，所以不要让别人的言行激起你的负面情绪。

人生在世，世事难料，我们无法控制事态的发展，但能调整自己的心态，让自己的心态稳定。这样，无论得失，你都能坦然面对，也不会被他人的情绪影响。积极情绪就是我们因某种刺激、事件满足了自己的需要，而产生的伴有愉悦感受的情绪。

总之，生活中的你，应该懂得自己掌握情绪，既不要让别人的坏情绪影响到自己，也不要让自己的坏情绪影响他人。同时，要把自己快乐、积极的情绪传递给他人。因为每个人都希望自己是快乐的，当你把积极情绪传递给他人的时候，必然会被他人接受。快乐就是一种积极的情绪，是对认真工作、热爱生活、美好情感的相信。

察言观色，看穿对方情绪

生活中社交高手都有一项本领——察言观色，他们不仅能看出与之交往的人的性格，还能看穿对方的情绪，从而有的放矢地与之交谈。

王晓是学市场营销的，毕业之后，他在一家化妆品卖场担任男士化妆品的推销员。他很会察言观色，因此推销的业绩非常好。

这个周末，卖场来了很多消费者。尽管人很多，但忙碌的王晓还是在人群中发现了一个特殊的男客户：他大概三十多岁，一身简单又名贵的穿着。来到卖场，他一句话不说，只是不停地看化妆品。

面对这样的客户，几个推销员在得到"爱搭不理"的回应后，就不再招呼他了。王晓则发现这个客户有个特殊的动作——他突然站在某种化妆品前，一边看，一边不停地用脚尖拍打着地面，而且在那里站了好长时间了。

王晓知道这种人是典型的完美主义者，不大会处理人际关系，于是他站在不远处，等这位男士抬头寻求帮助的时候，他才过去帮忙介绍产品的功能和价格。很快，这位客户购买了商品后匆匆离开了。

这则销售案例中，在其他推销员无计可施的情况下，推销员王晓并没有贸然推销，而是先观察客户，从客户的肢体语言——用脚尖拍打地面，判断客户是个完美主义者。于是在客户需要帮助的时候才过去帮忙介绍产品的功能和价格，从而顺利把产品推销出去。

在交际中察言观色、随机应变，是一种本领。例如，当我们拜访某人，与某人交谈时，本应全神贯注，但也应敏锐地感知一些意料之外的信息，并恰当地处理。

比如，主人在跟你交谈的时候，却往别处看，或者一直在看手表，那么你应该明白，可能你的到来打扰了主人的其他事情，或者主人即将要出门去办事。因此，虽然他在接待你，却是心不在焉的。这时你最明智的做法是打住，丢下一个重要的请求再告辞："您一定很忙，我就不打扰了，过两天我再来听回音吧！"你走了，主人心里对你既有感激，也有内疚："因为自己的事，没好好接待人家。"这样，他会努力完成你的托付，以此来补偿。言行能告诉你一个人的地位、性格、品质乃至内心情绪，因而善听弦外之音是"察言"的关键所在。

因此，要做到"察言观色"，就要从"察言"和"观色"两方面入手。如果说"观色"犹如查看天气，那么看一个人的脸色应如"看云识天气"般，有很深的学问，因为不是所有人在所有时间和场合都能喜怒形于色，相反是"笑在脸上，哭在心里"。

直觉虽然敏感却容易受人蒙蔽，懂得如何推理和判断才是察言观色追求的高级技艺。言辞能透露一个人的品格，表情和眼神能让我们窥测他人内心，衣着、坐姿、手势也会帮助我们判断对方此时的心情。

这天，一个大客户找到了公司，要求经理作出答复。原来不知是谁之前在经办业务的时候，以次充好，发出去的货大多数都有质量问题。负责的销售员已经离开了公司。尽管经理一再赔不是，客户看起来却并不买这个账。这着实让经理非常为难。

小李恰巧找经理有事，来到了办公室，经理赶紧使了个眼色，小李就对客户说："实在对不起，你的货是我发的，疏忽了。"

客户厉声斥责了小李，小李除了一个劲儿地赔礼道歉之外，并没有做过多的狡辩。客户的情绪慢慢地稳定了下来，小李趁机说道："这样吧，我给您重新发货，其中产生的所有费用由我来承担。"客户没说什么，表示默许，最后满意地离开了。经理拍着小李的肩膀说："小伙子，好好努力吧，我很看好你。"

一个月之后，小李当上了销售主管。

小李突然出现在办公室，见经理在使眼色，很快便明白了是怎么回事，于是主动承担责任，解了经理的围。心理学家研究表明：聪明的人往往通过一个眼神和表情，瞬间就能读懂别人的心思，这样的人往往很受欢迎。

可见，学会察言观色，留意对方身边的事物，从中了解他的心态、情绪，进而给出最佳的应对策略，这样才能赢得对方的好感。这时，无论办什么事，你都会顺利得多。

听对方的语气感受对方的心情

生活中，人们常说"祸从口出"，所有的祸端来自语言。这句话是要告诫我们做人做事一定要谨言慎行，不可毫无顾忌地说话。但从这句话中，我们还应该得出的一点结论是，与人打交道，要想看清别人，就可以从对方的言语着手。当然，大部分时候，人们是不会直接表明自己的想法和情绪的，这一点，需要我们自己感知。心理学家认为，从语气中能感受到他人的想法和情绪。的确，任何一句话都是带有感情的，因此，就产生了语气。一个人的心情如何，通常都体现在语气中。

王安石任宰相的时候，儿媳妇家的亲戚萧氏的儿子到京城拜见王安石，并邀请王安石吃饭。

第二天，萧氏的儿子盛装出席，他以为王安石必定会盛宴相邀。时间已经到了中午时分，所以他虽然很饿，但没有起身告别的意思。又过了很久，王安石才下令入席就餐，但是菜肴都没有准备。萧氏的儿子感到奇怪。喝了几杯酒，才上了两块胡饼，又上了四份切成块的肉。没一会儿就上饭了，旁边只放置了菜羹。萧氏的儿子平日里骄横放纵,他不放下筷子,且只吃胡饼中间的那一小部分,留下四个角。后来,王安石才缓缓从内堂走了出来,看到这一幕并没有说什么,只是轻轻地笑了一下,然后取来剩下的四边吃。萧氏的儿子感到很惭愧,便告辞回去了。

在这则故事中,王安石表达不满的方法很有一套。首先,他不出声,只是笑了一下,这已经表达出了他的不快,接下来,他又吃了萧氏的儿子吃剩下的饼,这更是一种无声的抗议,萧氏的儿子感觉到了这一点,自然惭愧地回去了。

语言是内在的表现,语气则具有隐性的特点,因此,一般我们在与人交际的过程中,就要学会观察对方的语气。假如,他说话高高在上,那么他必定是个得意之人,这样的人,你需要小心说话,以免生事端;假如,他说话轻声细语,那么他就是个性格温柔之人,但也可能绵里藏刀,这样的人你更要提防;也有一些人说话大声爽朗,性格和他们的声音一样,开朗大方;还有一些人,说话诚恳,不矫揉造作,这样的人谦虚卑恭、平易近人,能获得别人的诚心相待。

一般来说,一个人的感情或意见,能在说话的语气里表现得清清楚楚,只要仔细揣摩,即使是弦外之音,也能从说话的帘幕下透露出来。

1.留意语速变化,就抓住了说话者的内心变化

如果一个人平常说话慢慢悠悠、从不着急,语速突然加快时,那么很可能是对方说了一些对他十分不利且是无端诽谤的话,语速的加快表达了他内心的不满、着急和委屈;而相反,如果语速减慢的话,则很可能是对方触及了他的一些短处、弱点甚至是错误,要不就是他有事瞒着对方。语速的减慢反映了他的底气不足,心虚、卑怯的内心状态。

2.声调的提高,并不一定是有理

音调的变化、语气的改变能体现一个人内心的动荡,反映出一个人真实的一面。理直才能气壮,为了引起你的重视,他往往会提高声调。对此,你可以这样说:"是的,我也认为……"

3.沉默寡言的人变得健谈,是因为心里有"鬼"

突然从沉默变得健谈的人,往往是遇到了一些自己不愿意被别人提及的事情,也就是心里有"鬼"。对此,我们要识趣,可以这样说:"对了,我想起一个问题……"这样,就能顺利地岔开话题,把对方的思维引向别处。

在生活中,我们能从别人的声音和语调中看出一个人的人品以及他在与你交谈时的情绪等,得知这些以后,就能更深入地了解对方,从而方便我们做出轻松自如且正确的应对策略。

调节他人情绪让环境更和谐

在一些场合中，当大家兴高采烈地聚在一起，或聊得热火朝天、开怀大笑的时候，我们发现，似乎总有一两个朋友心情不好，他们坐在角落里，一声不吭。此时，你该怎么办？是继续和其他朋友交流，还是强行把这一两个朋友拉进大家的活动中？这两种方法似乎都不太奏效，恰当的做法是走近这个"不和谐因素"，了解其情绪，帮助他们调节情绪，从而让他们主动加入人群。

老张是一家外企公司的人力资源经理，他招收了一批新员工，但让他感到不解的是：这些员工在应聘时一个个滔滔不绝，对考官的各种提问都应答如流，可是进入公司后，很多人不善言谈的弱点"原形毕露"，即便让他们说些简单的迎言送语式的话，也是面红耳赤，羞涩得不得了。后来，老张就主动找他们谈话，问他们是不是不适应新环境，他们大多低着头，小声嗫嚅："不习惯和陌生人说话。"其中有一个人反问老张："我该怎样做才能融入集体？"

老张笑了笑，随后问另一个把嘴管得死死的新员工："你是不是每次跟人说话都像赶考？"他点头表示"是"。

鉴于此，老张后来组织了一场户外活动，大家彼此熟络了不少，办公室的氛围也好多了。

案例中的老张就是个善于发现集体中不和谐因素的人，而且他能积极采取措施，调节员工的情绪，拉近员工之间的距离，进而及时消除了不和谐因素。

与小刘相处了三年的男朋友向她提出了分手，令她痛苦不堪。内心敏感而又缺乏安全感的她担心再也找不到深爱自己的人了。在男朋友提出分手后，她表面上强颜欢笑，实际上却颓废不堪。又因为害怕失眠带来的空虚感，她爱上了泡酒吧，常常午夜时分还流连于酒桌之间。

作为朋友的艳艳看不下去了，在一个周末，艳艳打电话将其他朋友叫到了家里，也约了小刘。原本，艳艳以为小刘和大家玩会高兴起来，但小刘只是一个人坐在房间里。于是，她敲开房门，准备和小刘谈谈，小刘抱着艳艳大哭起来，艳艳明白她还沉浸在失恋带来的痛苦里，轻轻拍着她的头，心疼地劝慰："别哭了，其实你的条件多好啊，你们只是缺少缘分罢了，这也许是件好事，情不投意不合，多别扭，俗话说，强扭的瓜不甜。我觉得以你的条件，不愁找不到与你般配的人，我就知道有好几个男孩子对你不错。"短短一席话既点醒了小刘，也劝慰了她。

我们该如何帮助朋友调节情绪，让环境更和谐呢？

1.不要急于追问

在对方无法清楚地表达自己的困难时，我们不要急于追问，尽量通过语言给予对方积极的心理暗示，比如"我虽然不知道发生了什么，也不知道应该怎么说，但我真的很关心你"，给对方传递"尊重对方的伤痛，但随时准备帮助他"的信息。

2.当他恢复平静后，鼓励他重新与人交流

你可以让他回顾自己的成功体验，假如你知道他以前唱歌好听，你可以说："听说你以前唱歌……你当时是什么感受？"让他回忆过去，使他觉得自己还是很优秀的，帮助他重新树立起自信。

当一个人遭遇了挫折或者苦难时，他们的心态往往十分消极，甚至绝望，并不愿与人交往，因此，他们常常成为人际交往中的"不和谐因素"。因此，作为一个贴心的朋友，我们要顾及他的情绪，帮助他调节情绪，并使之再度融入交际环境中。

要有自控力，摒除他人的有意干扰

生活中的你是否经历过以下场景：下班后，你需要留下来赶点工作，但总有朋友给你打电话，约你去喝一杯。你怎么办？你是继续加班还是禁不住他的诱惑？如果你选择后者，就只能说明你是个容易被他人影响的人。

那么，如何避免这一问题呢？你应该提醒自己的是，他为什么要这样做？他有什么目的？这样一想，你就能分析出利弊得失，也自然能抵抗住他人的影响。

事实上，无论做什么事，都要做到摒除外在的干扰，专心致志地朝着目标前进。

许多年前，一位女性到美国某州的一所学院发表演讲。

这是所很普通的学校，礼堂也不大，但这位女性的到来，使得这所学院顿时热闹起来，礼堂更是挤满了人，学生都因为能听到这位女性的演讲而兴奋不已。

在经过州长的简单介绍后，这位女性缓缓地走到麦克风前，凝视着台下的学生，开始了自己的演讲："我的生母是聋人,我不知道自己的父亲是谁,也不知道他是否还活在人间,我这辈子拿到的第一份工作是到棉花田里做事。"

学生们听到这,都呆住了,他们无法想象这样的生活。那位看上去很慈爱的女性继续说:"如果情况不尽如人意,我们总可以想办法改变。一个人若想改变眼前不幸的情况,只需要回答这样一个简单的问题。"

接着,她以坚定的语气说:"那就是我希望情况变成什么样,然后就全身心投入,朝理想目标前进即可。"说完,她的脸上绽放出美丽的笑容:"我的名字叫阿济·泰勒·摩尔顿,今天我以美国财政部部长的身份站在这里。"顿时,整个礼堂爆发出热烈的掌声。

阿济·泰勒·摩尔顿是一位女性,一位生母是聋人,不知道亲生父亲是谁的女性,一位没有任何依靠饱受生活磨难的女性,而恰恰是这位表面柔弱的女性,竟成为美国的财政部长。说到自己的成功,她却只是轻描淡写地说:"我希望情况变成什么样,然后就全身心投入,朝理想目标前进即可。"这句看似平淡的话语,却告诉我们一个道理:任何人,在人生的道路上,只要看到前方光明的道路,看到成功后的喜悦,就能忍耐当下的痛苦与枯燥。

事实上,不少人尤其是年轻人都有个通病,缺乏自控力,常常会被周围的人和事影响。诚然，扰乱你心绪的因素有很多，但你要懂得调节，具体说来，你需要注意以下几点：

1.静下心来

要学会独处，然后去思考，放空自己的心，这样，你每天都会以全新的心态和精神面貌去生活、工作。同时，你需要降低对事物的欲望，淡然一点，你会获得更多的机会。

2.学会关爱自己

爱自己才能爱他人。多帮助他人，善待自己，也是让自己静下来的一种方式。

3.心情烦躁时，多做一些安静的事

比如，喝一杯白开水，放一曲舒缓的轻音乐，闭眼，回味身边的人与事，可以慢慢梳理新的未来，既是一种休息，也是一种冷静的思考。

4.和自己比较，不和别人争

你没有必要嫉妒别人，也没必要羡慕别人。你要相信，只要你去做，你也可以的。你要为自己的每一次进步而开心。

5.不要怕工作中的缺点和失误

成功总是在经历风险和失误的自然过程中才能获得。懂得这一事实，不仅能确保你自己的心理平衡，还能使你自己更快地向成功的目标挺进。

6.不要对他人抱有过高期望

百般挑剔,希望别人的语言和行动都符合自己的心愿,投自己所好,是不可能的,那只会自寻烦恼。

7.学会忍耐,用自己的智慧改变现有的状态

你需要把目光放长远一些,多一些忍耐,忍耐别人的讥讽,忍耐身体的疲惫,忍耐成功前较少的收获。需要忍耐的太多,但是能够看到成功的到来,那么任何忍耐都是值得的。

总之,世俗的复杂环境能避开的就避开,不要轻信别人的胡言乱语,人要有自己的主见。你要有坚定的信念,只有自己当机立断,远离小人,你的事业才会成功。相信自己的能力,一定能将工作做得更好。每天保持乐观的心态,如果遇到烦心事,要学会哄自己开心,让自己坚强自信。只有保持良好的心态,才能让自己心情愉快!

体会对方的心情，但不被坏情绪影响

美国夏威夷大学的心理系教授埃莱妮·哈特菲尔德及她的同事经过研究发现，包括喜怒哀乐在内的所有情绪都可以在极短的时间内从一个人身上"感染"给另一个人，其速度之快甚至超过一眨眼的工夫，而当事人也许并未察觉到这种情绪的蔓延。我们会有这样的体会：如果哪一段时间，你的领导心情不错，你的同事们都会被感染，大家的默契程度会提高，工作起来也更得心应手；如果哪一天，领导情绪低落，大家就都不敢说话，工作积极性不高，工作效率也受到情绪的影响。当然，情绪的传染不仅仅在上下级之间，实际上，关系越密切，越熟悉的人之间，情绪的感染就会越明显。

对一些容易情绪化的人来说，当他们周围的亲人、朋友、同事情绪低落时，他们会更容易被触动，并希望自己能安慰对方。但无论如何，你都不要被对方的消极情绪感染。

心理学家称，交谈时，人们会用令人惊异的速度模仿对方的面部表情、声音和姿势。这样做是为了让自己更投入谈话，对对方的遭遇感同身受。但事实上，人就像海绵，当感受到他人的压力后，自己也会觉得有压力。

因此，那些传到人们耳朵里的抱怨和牢骚，也会让人的思维不由自主地转向负面。现实生活中的人们，即使向交谈对象表达认同和理解，也要有主见，决不能被对方的坏情绪影响。

一天下午，一个在日本学习武功的美国人在地铁里遇见一位滋事挑衅的醉汉，车厢中的乘客都敢怒不敢言。他见醉汉实在太过分，准备好好教训教训这个家伙。醉汉见状，立即朝他吼道："哟呵！一个外国佬，今天就叫你见识见识日本功夫！"说罢，摩拳擦掌地准备出击。

这时，一位和蔼的日本老人朝醉汉招了招手，醉汉骂骂咧咧地过去了。

"你喝的是什么酒？"老人含笑问道。

"我喝清酒，关你什么事？"醉汉依旧气势汹汹。

"太好了，"老人愉快地说，"我也喜欢这种酒。每到傍晚，我和太太喜欢温一小碗清酒，坐在木板凳上细细品尝。这样的日子真是叫人留恋。"接着，老人问他："你应该也有一位温婉动人的妻子吧？"

"不，她过世了……"醉汉声音哽咽，开始说起他的悲伤故事。过了一会儿，只见醉汉斜倚在椅子上，头几乎埋进了老人怀里。

我们发现，这位日本老人很善于安慰他人，面对气势汹汹的醉汉，他能以体贴的心情，让醉汉说出掏心窝子的话。

任何人的负面情绪都是有原因的，我们要学会体察他人的心情，但也要注意防止被他人的负面情绪感染。生活中的大部分人，可能也和故事中的老人一样善良，但你能做到在安慰他人的时候，不被对方的坏情绪感染吗？

要做到这点，你需要：

1.完善自己的个性

人的个性里有很多消极因素，比如，自私、骄傲、爱面子等，这些不良个性或品质很容易引发一些负面情绪。心理学的研究显示，那些心直口快、心里藏不住秘密的人更容易把自己的情绪感染给他人，因为他们表达情绪的能力更强。另外，内心较为脆弱的人则更容易接收他人的情绪。

因此，你若想不被他人负面情绪左右，就要完善自己的个性，当你变得宽容、大度、善良的时候，心胸自然会开阔。

2.有足够的爱心和耐心

任何负面的消极的情绪，一旦遇到了爱，就如冰雪遇到了阳光，很容易就消融了。如果你想体会对方的心情，就要学会用爱心和耐心去关怀对方,让对方打开心扉。

总之,即便你很善良、乐于体察他人的情绪,但同样要有控制自我情绪的能力,否则,你只会被对方的坏心情左右,影响到自己的工作和生活。

专注手头事，不被他人情绪干扰

生活中，相信我们都明白一个道理，无论是工作还是学习，都需要你做到有审慎的思维、踏实的行动、吃苦的精神、顽强的毅力，而心神不定则是大敌。"世界上怕就怕认真二字"说的就是如果你能安下心来认真做一件事情，就没有做不好的。然而，真正让你浮躁的，并不一定是外在世界的动静，很有可能是你内心的"动静"。也就是说，只要你内心安宁，就能摒除外界的干扰，其中也包括别人的坏情绪。

小周在一家广告公司工作，这个周末，领导交代她完成一个策划案。一大早，她就开始写了，但总是写不下去，甚至一打开电脑就发愁，看到书本上的字就烦。刚好，这会儿又是邻居家小雅练钢琴的时间，她甚至能听到小雅敲击琴键的声音，她还听到了楼底下大妈、阿姨们唠叨和抱怨的声音，这些都充斥在她的耳朵里，她再也写不下去了。

这会儿，父亲敲了敲门，走了进来，看到小周烦躁不安的样子，问："闺女，怎么了？"

"爸，外面太吵了，我根本工作不了。"小周说。

"是吗？其实每个周末外面都会有这样的动静，甚至有时候小区有活动时比今天还热闹，那时候，你不都能安安静静地学习吗？"

"您说得也是，那我今天是怎么了呢？"

"其实，你工作不了是因为心不静，做事最重要的是沉下心来，可能是平时周末你都和小姐妹们一起逛街、看电影，而这周末突然要工作，心情不好吧。如果你能多想想完成工作后的快乐，也许就能心平气和了。"

"爸爸您说得对，但我该怎么减压呢？"

"你也忙一周了，要不上午就先出去玩玩，等下午回来再做策划案也不迟，好不好？"

"嗯，听爸爸的……"

故事中的小周为什么在工作时总是静不下心来？是因为外面环境太吵闹吗？当然不是，正如她父亲所说，环境还是那个环境，只是内心不宁静，才烦躁。

的确，做任何事，都需要做到集中精力、全身心地投入，要做到"身心合一"，来不得半点虚假，不能有任何私心杂念。然而，在生活中，不少人却常常容易被周围人的情绪感染，比如，周围同事聊开心事，他会被感染；朋友伤心无助，他也会无心工作，这样的人的工作效率是低下的。

可能不少人会问，如何才能专注手头工作，不被他人情绪干扰呢？

1.找到适合自己的方法，让自己的心安静下来

如果你无法做到的话，可以尝试着转换一下环境，然后闭上双眼，深呼吸几次，慢慢放松自我，多试几次就会好了。

2.多关注自己，而非他人的负面情绪

如果你因为周围人的情绪而烦躁不安的话，你可以反问自己，为什么要过多地关注别人的问题，多问几次，自己就可以了解自己的困惑，从心底去除这个杂念。

3.要锻炼自己在嘈杂的环境中专注身心的技能

很多伟大的人物，在大街上、闹市区或者十字路口，甚至乘坐公共交通工具时都能认真看书，因为环境在一定程度上是自己无法控制的，只有依靠自己的高度自制力，才能提高抗干扰能力。

4.养成良好的睡眠习惯

如果你总是熬夜，那么，你最好调整自己的作息时间，做到早睡早起，养足精神，提高白天的学习工作效率。

5.找到你的减压方法

一分耕耘，一分收获，只要我们平日努力了，付出了，必

然会有好的回报，又何必让忧虑占据心头，去自寻烦恼呢？

6.学会做些放松训练

舒适地坐在椅子上或躺在床上，然后向身体的各部位传递休息的信息。先从左脚开始，绷紧脚部肌肉，然后松弛，同时暗示它休息。随后命令脚脖子、小腿、膝盖、大腿，一直到躯干都休息，之后，再从脚到躯干，再从左右手放松到躯干。这时，再从躯干开始到颈部、头部、脸部等全部放松。这种训练放松的技术，需要反复练习才能较好地掌握，而一旦你掌握了这种技术，会让你在短短的几分钟内，达到轻松、平静的状态。

总之，专注，也就是保持良好的注意力，是大脑进行感知、记忆、思维等认识活动的基本条件，能帮助你提高工作效率，同时也能帮助你摒除他人的坏情绪的影响。当你因为他人情绪的影响而变得注意力涣散或无法集中精力时，相信以上几种方法能帮助到你。我们在做事的过程中，都应充分发挥自己的主观能动性，排除各种干扰，摆正学习心态，才能无坚不摧，才能把自己的全部精力投入到手头的事情上。

第五章

预防家庭中的踢猫效应，用心经营才能家和万事兴我们常说，家是避风的港湾，的确，无论生活状况如何，只要回到那个温馨、惬意的家中，所有的精神压力就都烟消云散了。然而，只有快乐的心情才能构建起幸福的家庭。所以，任何人都不要把家当成发泄脾气的场所，这样很容易引发踢猫效应，让家庭关系紧张。我们最好在进家门之前，就抛掉外面的烦恼，带一张笑脸回家，给亲人们最好的心情状态，这样才能家和万事兴。

把好心情带回家，避免家庭情绪被污染

我们都知道，家是人们心灵的港湾，家人是最亲、最近的人，家人给予的关怀和照顾往往是无人能够代替的。这也就是为什么很多人宁愿丢掉生命，也不愿意失去家人的缘故。可是，很多人也许是觉得家人比较熟悉，也不会跟自己计较，压力一大，一不开心，就在家人面前发脾气。可是，家人也没有义务去承受你的坏情绪。因而，要想让家庭充满爱和温暖，就要珍惜家人的爱，不要随便发脾气。

有一天，小美因为工作进度没完成被领导批评了，她心情坏透了，所以脾气不大好。

这天傍晚，刚下班回家的丈夫看到在厨房做饭的小美，立即走过去准备帮忙。刚进去的时候，小美还有说有笑的，谁知当她看见丈夫没有换上家居鞋就进门时，脸色一下子就变了，一把推开丈夫，大声地说："跟你说过多少遍了，回家必须换鞋，外面多脏，你怎么老这样，我每天累死累活干家务，容易吗？换个鞋有多麻烦？"

丈夫也火了："你那么大声干什么，好好说不行吗？大不了我等下自己拖地，嚷嚷什么！"

小美一听更加生气了，干脆连饭也不做了，跑到卧室倒头就睡下了。丈夫一看这架势，无奈地摇了摇头，看来今晚这顿饭又得自己动手了，要不一家人都得饿肚子。于是，打起精神去厨房下了些面条。

一直在房里写作业的儿子天天听见爸妈的吵闹声，急忙跑出来问："爸爸，妈妈这是怎么了？"

小美的丈夫苦笑着说："当然是爸爸做错事情惹妈妈生气了。"

天天好奇地问："你又做错什么了？惹得妈妈发那么大火，我戴着耳机都听见了。"

丈夫说："没什么，随便拌拌嘴，你赶紧去叫你妈吃饭。"

天天蹦蹦跳跳跑到房间，小美一看是儿子进来了，又板着脸教训起天天来了："你这么高兴，作业写完了吗？一天到晚就知道玩儿，等下我检查要是发现你没做完，看我怎么收拾你！"

天天嬉皮笑脸地学着电视里的小太监说："太后老佛爷，奴才请您用膳了！"正在这时，小美的老公也走进来叫她去吃饭。想起刚才发生的事情，小美突然觉得自己真是小题大做了，一时间竟觉得怪不好意思的。在饭桌上，她鼓起勇气诚恳地给老公和儿子道了歉。

故事里的小美总是向老公和儿子发火，老公和儿子天天并没有计较，仍然一如既往地关心着她，爱着她。最后小美主动认识到了自己的错误，向父子俩道了歉，一家人重归于好。

的确，家对任何人来说，都是温暖的港湾，是我们忙碌了一天后让我们卸下防备和疲惫的地方，亲人也是我们最坚强的后盾和支柱，我们总是会将自己最脆弱的一面暴露给亲人，但这不代表亲人就是我们发泄情绪的出气筒。你要知道，家人不开心，也会使自己不愉快，家中的每个人都忙碌了一天，他们若再被你的坏情绪影响，你于心何忍？因此，在进家门之前，你最好能调整心情，把好心情带回家。

的确，每天走出家门，我们就要面临高强度的工作和复杂的人际关系，心情难免会受到影响。有人认为，家应该是呈现真实的地方，应该是避风港，心情不好了，就应该在家中宣泄，用不着压抑自己。因此，他们一回到家，就开始咆哮、宣泄，结果家人便成了他们的出气筒，让家笼罩在一片痛苦之中，充满了情绪污染，一家人都高兴不起来。

那么，如何防止家庭情绪污染呢？这就需要家庭中的每一个成员都能在回家前将自己的情绪关在门外,你要明白,你连你的朋友、同事,甚至一个陌生人都不愿意伤害,为什么要伤害你的亲人呢?

当然,不把坏情绪带回家,并不是说要一个人承担所有的痛苦和压力,我们还得学会分担,与家人一起分担是一种相互关爱的表现。当然,关键是要把握好尺度,分清楚事情的轻重缓急,不能因为自己的事情扰乱了一家人的宁静与和谐,要将坏情绪带给家人的影响降到最低程度,而问题又能得到解决,否则就不要将坏情绪带回去。

除了不把外面的不良情绪带回家外,在家庭中,也不要为一些鸡毛蒜皮的小事而耿耿于怀,因为那样会影响他人的情绪。情绪低落的时候总是有的,每当这时,一是要有点忍耐和克制的精神,二是要学会情绪转移。

因此我们有必要每天问问自己:今天,我将坏情绪带回家了吗?

少点争吵，家人间要多点平和的交流与沟通

任何人都知道，在家庭生活中，成员之间免不了磕磕碰碰，可能有不少人在与家人争吵时都扮演了受害者的角色，但指责的话刚脱口而出，就后悔了。和对方说话总是生硬的，或者你的本意是好的，可说出来却全变了味——这时，一场争执往往在所难免，错误信息的传递眼看就要引发家庭大战。而要避免家庭中的踢猫效应，当出现问题的时候，你就要静下心来，心平气和地与对方沟通与交流，这样方能免除很多家庭矛盾。

故事一：

一天，丈夫下班回家后，发现妻子正在收拾行李，便问："你要干什么？"

"我再也待不下去了，"她喊道，"一年365天，没有哪天是不吵的，我要离开这个家。"

一开始丈夫愣在原地，呆呆地看着妻子将行李箱拖到门口，忽然，他跑回家，然后抓起另外一个行李箱，对妻子喊道："等一等，我也待不下去了，我和你一起走！"

故事二：

夫妇俩在白天因为孩子的教育问题闹了点别扭，互不理睬。在晚上就寝前，丈夫递给妻子一张字条，上面写着："明天早上7点叫醒我。"

第二天，丈夫睁开眼时已经是九点半了，旁边不见妻子的身影，他想质问妻子，却见身边的纸条上写着："7点了，快起床！"

的确，夫妻难免会因为一些生活琐事产生矛盾，但又不能快刀斩乱麻般地断绝情义。在这种"剪不断，理还乱"的感情状况下，无论哪一方来点幽默，都能化解矛盾，破涕为笑。

实际上，每个家庭每天都在上演各种战争，婆媳间、夫妻间、子女间，但无论何种矛盾，凭一时情绪与对方大吵一架都解决不了问题，而应该调节你的情绪，主动敞开心扉与对方沟通，这才是创造和谐关系的秘密所在。

那么，我们是不是也该掌握一些调解家庭矛盾的方法呢？在与家人产生矛盾后沟通时，需要掌握以下原则：

第一，情绪激动时别沟通

人在被情绪掌控时说的话和做的决定都是不理智的，此时，沟通不会有好的效果。

据说拿破仑的军队有一条纪律，就是军官在发现士兵犯错后不会立即批评，因为此时的批评一定是受到情绪影响的，不如放一放再批评，效果会更好。沟通亦然，带着情绪沟通，就很容易走偏。

第二，双方都要站在对方的角度给予必要的理解和肯定

出现任何矛盾都是有原因的，既然对方和你的意见与选择不同，那么，他一定有自己的想法，你不认同，但也应该理解，表达出你的理解，在情感上就相当于给了对方一个极大的安慰，能化解彼此的不良情绪。

第三，诚恳道歉

你可能认为自己一定是正确的，但其实当你和家人发生了矛盾，可能就有你的问题。虽然你的观点真的正确，但是固执己见、非要一争高下，也是一种错误。所以你只要想道歉，就一定能找出道歉的理由。理解和道歉之后，你再讲出自己的理由和道理，对方便会容易接受。

第四，不回避、不扩大，限定时间与主题

回避的实质是对抗、不自信、无奈。不对抗不是躲避，但你可以采取一些技巧，比如说暂时撤离。如果情绪特别急该怎么办？你可以暂时撤离或者用幽默的方法打开这个结。

在家庭生活中善用幽默，是一种高情商的表现，当然，也需要技巧。比如，你可以限定和对方争吵的时间，"你说

吧，我听你说"，这是最好的。即便有一些争执，限定时间，"好，那么我们吵20分钟，你先说，我后说"。

第五，不指责、不翻旧账

无论因为什么和家人产生了矛盾，也别把"你总是……""每次……"这样的语句挂在嘴边，用开放式语句："我觉得……你看呢"澄清问题，探寻"怎样做你会比较满意"，然后试行一周或一个月。

第六，找到解决的方法

澄清问题之后就该探索怎样办，彼此希望怎么样，然后就可以试行，沟通了就应该有一个结果，两人各自生气甚至冷战好几天总会留下阴影。吵架的过程要变成沟通的过程，要澄清问题、探询结果，不要非要分清谁对谁错。家庭是个系统，出了问题往往是系统出了问题，运行模式出了问题，而不是某个人的错。风水轮流转，这次你主动谦让，下次我主动谦让，如果总是一方得理，沟通效果可能就不好了。

家庭成员间的意见不统一，有了矛盾之后，必须要及时沟通。只有通过沟通统一了认识，化解了矛盾，才能使"梗阻"的家庭关系通畅起来，而一味地争吵是起不到任何作用的，反倒会令亲情淡薄、关系不和谐。当然，沟通有道，只有掌握了其中的道理、技巧，才能使沟通获得更好的效果。

幽默快乐的家庭氛围带给人幸福

我们生活在快节奏的年代,承受着巨大的生存压力,要维持自身和家庭的生活,面对人生的一个又一个的转折点,还要和形形色色的人打交道……但无论我们的生活状况如何,只要回到那个温馨、惬意的家中,所有的精神压力就都烟消云散了。的确,温馨的家庭会给我们足够的温暖、爱和动力。对此,我们不难发现的一点是,那些幸福、和睦的家庭,都是充满欢声笑语的,都是快乐的。

提到家庭生活,我们想到的多半都是天伦之乐,但不能否认的是,家庭生活是琐碎的,每天除了柴米油盐就是锅碗瓢盆,但常言道:家庭这盆稀泥,谁和得好,谁的家庭就和睦;谁家小葱拌豆腐,弄个一清二白,那就没水平。事实就是如此,家庭就是锅碗瓢勺交响曲,奏得和谐,那是上品;奏得不和谐,天天弄得鸡飞狗跳的,再富有的生活也没滋味。怎样才能和谐?幽默的交际方式绝对是一种润滑剂。

幽默不仅可以帮助每一个家庭成员驱除劳累的工作、繁杂的事物带来的烦躁心绪，还能帮助其他人打开心扉。家里常有幽默，欢笑油然而生，烦恼溜之大吉，怒目变成笑眼，火气化作清风。让幽默成为生活的佐料吧，你会真切地感受到它的美好和奇妙。

因此，家庭成员若能发现生活中的趣味横生的事，开个玩笑，就可以使家庭生活摆脱沉闷。有幽默的家庭是富有生机的，因为人人都能感受到父母、子女或者亲人对自己的关心和爱护，这样的家庭就像一个乐园，欢笑和美好充斥着每一个角落。这对小孩子健康成长、老年人安度晚年、中坚力量更好持家都是非常有益的。

有人说，如果一个家庭中有富有幽默感的成员，那么这个家庭肯定是和睦的。这是因为幽默是人类自我完善的一种途径，也是一种引发喜悦、以愉快的方式使人愉悦的艺术。家庭生活的琐碎以及工作与生活带来的压力，可能都使我们多了一丝烦恼，此时，一句幽默的话语就可以消除疲劳，倍感生活平淡才是真的道理。幽默是美好的东西，更是智慧的产物，因此，它自然而然地成了许多人追求的生活方式和交际艺术。用幽默营造家庭包容和谐的氛围，唯有经过感情的冲刷和岁月的洗礼方可领悟。

总之，幽默能创造妙趣横生的家庭生活，使人们时刻保持良好的心情，对生活充满向往和希望。这样的家庭中的成员无论是工作还是学习，都是精神饱满、积极向上、劲头十足的。

多点包容心,珍惜血浓于水的亲情

我们每个人都希望自己生活在快乐、轻松、和谐的家庭环境中,但事实上,每个家庭都少不了一些冲突、矛盾,这也是家庭关系的现实部分。哪怕是有着相同血脉的亲人之间,相处也是需要理解、耐心和包容的。毕竟生活本就是烦琐的,每天油、盐、酱、醋、茶,少不了摩擦,于是,责备与争吵开始了,矛盾产生了。

有两对夫妻分成两组一起打羽毛球,按照常理说,应该是每个先生与自己的太太一组。但奇怪的是,夫妻一起打球,却总是吵来吵去,不是妻子责怪丈夫,就是丈夫指责妻子,两个人互相埋怨,最终无法再打下去。后来,裁判员想出一个新招,让这两对夫妻交换,即各自的太太换到对方那一边去,效果如何?这么调换之后,两边无不"杀"得兴高采烈,满场沸腾。

从这个小故事中,我们也可以发现,的确,在生活中,人们似乎总是对自己身边的亲人过分苛刻,而把宽容留给了别人。比如,有些丈夫,对待周围的朋友、同事都客客气气的,即使对方做了一些伤害自己的事，也能原谅，可一回到家中，却对自己的妻子抱怨不断，即使他的妻子已经做得非常好。其实，宽容别人，就等于给了自己一个新的机会。

当今社会，人与人之间的竞争如此激烈，各种压力也随之而来，我们最应该感谢和依靠的永远是我们的亲人。遇到挫折的时候，是你的亲人安慰、容忍你，任凭你发泄。当你深夜不归，是你的亲人在担心、惦记你。当你生病起不来的时候，是你的亲人嘘寒问暖、床前床后地照顾你。只有你的亲人，无论你曾经用多么重的话伤过他（她），让他（她）感到多么心寒，他（她）却一如既往地关心你。所以，还是珍惜身边的人，好好经营婚姻，学会宽容。

如果退一步，多想对方的好，少想对方的坏，多一点宽容，少一点责备，情况是不是会好很多呢？比如，如果你的丈夫一脸不高兴，那么你想一想他可能是在工作上遇到了什么不顺心的事，可能是被上司训斥了，也可能是身体不舒服，而并不是因为你。不妨为他端上一杯咖啡，对他笑一笑，得到了你的安慰，他的心情一定会好很多。

血浓于水，亲人都是爱我们的，他们希望我们快乐、健康、成功，但他们也不是先知，他们的决定也不全是正确的，因为他们有时会站在经验的角度考虑问题，但我们自己做出的选择就一定正确吗？我们不也是经常后悔吗？我们可以原谅自己，可以原谅伤害过我们的人，可以原谅交情泛泛的同事和领导，为何还要一味地苛责深爱我们的亲人呢？

生活中，每个人都要反省：我们总是能包容那些和我们没有什么关系的外人，甚至是我们的对手、仇人，那么，为什么要对亲人如此吝啬呢？换一种心态和他们相处吧，毕竟他们是你的亲人。

要知道，亲情是永恒的，母亲的爱总是无微不至，父爱是伟岸的，亲情是一种没有条件、不求回报的阳光沐浴，最无私、最深厚。而只有当我们体验了亲情的深度，才可能领略到友情的广度，拥有爱情的纯度，这样的人生，才更美好。

我们生活在一个幸福的年代，但依然要珍惜拥有的亲情，诗人但丁曾说："世界上有一种最美丽的声音，那便是母亲的呼唤。"一句话，让我们读懂了亲情的永恒。从婴儿的呱呱坠地到长大成人，父母们花了多少的心血与汗水，编织了多少个日日夜夜；从上小学到初中，乃至大学，又有多少父母为我们呕心沥血。我们每个人都要保护好亲情，要学会爱家，爱父母，爱子女，珍惜来之不易的亲情。你会发现幸福快乐就在你身边。

良好温馨的家庭氛围有利于孩子健康成长

在生活中,我们每个人都像一只小船,而只有家庭,才是我们的港湾,它能给我们带来安全感。同样,每一个孩子也需要这样一个温馨、和谐的家。只有在这样的家庭环境下,孩子才会感觉到轻松、安全、心情舒畅、情绪稳定,才有利于孩子身心健康成长。因此,从这一点看,家庭中的父母长辈也都应该以快乐的情绪面对生活,并为孩子营造一个温馨和睦的家庭氛围。

小小是个很可爱的孩子,但在她三岁的时候,命运和她的家庭开了个玩笑——最疼爱她的爸爸在一次车祸中去世。小小由母亲独自抚养。妈妈把全部希望都寄托在小小身上,要她好好读书,日后成为一个有作为的人。

虽然妈妈对小小寄予了很大的希望,自己省吃俭用供小小读书,但小小的成绩总是很差。妈妈想尽一切办法帮助小小,还是不见起色。后来经过观察,妈妈发现这跟自己营造的家庭氛围有关,自己的性格内向,加上丈夫去世的打击,还有生活的压力，所以自己总是愁眉不展，家里也总是笼罩着一层沉重的气氛。久而久之，小小的心灵也蒙上了阴影，有了沉重的心事。

瑞典教育家爱伦·凯指出：环境对人的成长非常重要，良好的环境是孩子形成正确思想和优秀人格的基础。小小家的故事也充分说明了家庭环境对人的影响之大。

曾经有专家对一批婴幼儿进行跟踪调查。调查表明，那些生长于和谐、温馨的家庭氛围中的儿童，有这样一些优点：活泼开朗、大方、勤奋好学、求知欲强、智力发展水平高、有开拓进取精神、思想活跃、合作友善、富于同情心。

而另外有一项调查显示，在少管所中，不少孩子是由于父母不和、经常吵架，全然无视子女的教育，严重影响了孩子的身心健康，才走上了歪路。

家庭成员间的关系如何，会在以下两个方面对孩子产生影响：

在幸福、温馨的家庭中，成员之间是互相信任的，在这样的环境中成长，孩子终日耳濡目染，无形中学会了热情、诚实、善良、正直、关心他人等优良品质。

另外，在这样的家庭环境中，成员之间是互相爱护的，对孩子，他们也是疼爱有加的。因此，除自己的学习和工作外，他们有更多的精力关心孩子，更有利于孩子的智力开发、知识经验的积累以及能力的提高，为入学后的学习打好基础。

孩子犹如一株嫩苗，在一个和谐的家庭中才能健康地成长。为了孩子，也为了全家的幸福，父母长辈们也应该随时保持好心情，从而为孩子创造一个良好的成长环境。

良好的家庭情感、和谐的家庭气氛可以给孩子带来良好的影响，每一位家长都应从帮助孩子形成优良的个性品质、健康体魄的责任出发，重视营造一个温馨和睦的家庭环境，以利于孩子成长。

婚姻中少点脾气，多点关爱更圆满

生活中，人们常把相聚别离归结为一种缘分。两个人之所以结婚，正是因为爱的存在，而事实上，在现实生活中，当夫妻双方因为某些琐碎小事而吵闹时，却忘了当初最动人的承诺——相爱一生。难道除了争吵之外，就没有其他的沟通方法了吗？当彼此间的感情被你一句我一句的数落消磨殆尽时，婚姻还能继续吗？

小王和小梅虽是相亲认识的，但在见到彼此的那一刻，就被对方的气质深深吸引了，并迅速坠入爱河。经过一段时间的了解，双方都对对方感到满意。后来，在双方父母的祝福下，他们结婚了。

一天晚上，小梅很晚还没回家，小王就给小梅的几个朋友打电话，结果他们都不知道小梅在哪，小王索性就坐在沙发上等。直到十点半，小梅才回来，见到小梅，小王劈头就问："你到哪儿去了，这么晚才回来？梅，你知道我爱你，你可不能对不起我呀！"

小梅听了这话就很生气,说:"我怎么对不起你了?我在单位加班了,你如果不信任我,咱俩就离婚!"

结果,结婚还不到一个月的小两口就离婚了。

的确,爱情与婚姻都是建立在真诚、理解和信任的基础上的。上面的案例中,不能说小王不爱妻子,但他在见到妻子时却不问缘由,劈头盖脸地质问对方,自然会让妻子生气。如果他能在小梅回来后,说出"梅,你这么晚回来真让我担心。现在社会治安不好,以后如果没要紧的事,晚上尽量早点回来,好吗"等关爱的话,小梅听后感动都来不及,又怎么会心生反感?

日常生活中,夫妻之间少不了要就家庭、工作、子女教育等一些问题进行沟通。很多的交流都是随意的、非正式的,基本属于一种"说话"的本能需要。看似很简单的交流,也蕴藏着很深的道理,也有一定的讲究。如果不明白其中的道理,把握不好原则和方法,也会交流出矛盾来。很多夫妻之间的"疙瘩"就是在这看似简单的、几乎没有什么艺术可言的交流之中形成的。

夫妻之间沟通,首先一定不要随意发脾气,因为"态度决定一切"。态度诚恳、友善、平和,会让对方感受到你的爱和关切,沟通就成功了一半。反之,就会适得其反,越沟通越僵。态度好给人的感觉如沐春风,态度不好给人的感觉如寒风刺骨。谁愿意在"刺骨的寒风"中站立？

那么，夫妻之间该如何相处呢？

1.以尊重为前提

只要在交流中不突破尊重的底线，基本上就不会出现问题。夫妻在交流中出现的问题，几乎都是突破了尊重底线的"恶果"。夫妻各自都是独立的个体，不是彼此的一部分，都有自己的人格，都希望在与人相处过程中得到尊重。所以在日常生活的交流过程中，夫妻双方都要明白这一点，守住底线：尊重！只要你心中有尊重，你就会注意自己说话的态度和措辞，就不会说话不走脑子，信口开河，逮着什么说什么，把语言当成武器伤害自己最亲近的爱人了。

2.不要涉及对方的"交流雷区"

每个人在生活当中几乎都有自己交流的"禁地"，这禁地一般都是非常伤自尊的地方，是自己的"隐痛"。夫妻生活的时间长了，应该都非常熟悉彼此的"交流禁地"，所以在日常交流过程中应"到此止步"。夫妻在日常交流中把握好这一点，如果再加上点幽默、风趣，交流便会成为夫妻日常生活中的一道亮丽风景线。

3.以理服人

中国人有个弱点，习惯于"熟不讲理"。因为熟了，不讲理了，所以说话办事就会不注意态度和方式方法了，容易简单成"直线条"。恰恰是这直线条，往往会在不经意间伤害了身边人的感情。因为熟了，便不再拿自己当"外人"，说话便不分场合、不管深浅，有时还会骂骂咧咧，缺少了人们都很在意的尊重。夫妻之间更是如此，在一起生活时间长了，竟会熟到忽略对方的存在，真正成了"熟视无睹"。"不讲理"的程度也更甚一层，有话也不好好说，开口就是讽刺、挖苦、打击、揭短，语言粗俗，态度蛮横。尤其是家中的"大男子主义""大女权主义"者，甚至会当着外人的面，口不留情，常常弄得爱人窘迫异常，下不来台。这样的交流后果可想而知，无须多言。

第六章

预防教育中的踢猫效应,读懂孩子心理助其健康成长

父母都望子成龙，望女成凤，在教育孩子的问题上，他们有时会过于焦躁，孩子一旦出了什么问题，就乱了方寸，甚至大发脾气、打骂孩子，以为这样就能让孩子听话。而实际上，这样只会引发踢猫效应，也就是孩子犯错——父母打骂——孩子越发反抗这一系列连锁反应。事实上，家庭教育中，最重要的是我们要营造和谐温暖的家庭环境，同时多倾听孩子的心声，并给予适当的引导，这样才能使孩子健康成长。

营造宽松和谐的家庭氛围，让孩子健康成长

提到家庭生活，我们想到的多半都是天伦之乐，父母相亲相爱、孩子听话懂事。的确，在这样的家庭环境下，家庭成员能时刻保持良好的心情，对生活充满向往和希望。这样的家庭中的成员无论是工作还是学习都是精神饱满、积极向上、劲头十足的，而孩子也愿意和父母沟通，更愿意接受父母的指引。制造妙趣横生的家庭生活，重在父母。父母需要放下家长的架子，不必不苟言笑，而应该融入孩子的世界，与他们轻松交流。

作为父母，我们该如何营造轻松和谐的家庭氛围呢？

1.作为父母，自己首先对生活要有一种乐观的态度

父母是孩子的榜样，孩子的情绪受父母行为的直接影响，与孩子相处时，父母必须乐观一点。当孩子有挫折感的时候，只有积极乐观的父母才能成为他依靠、慰藉的港湾。

父母首先要学会管理自己的情绪，不把不良情绪带给家庭、带给孩子，要塑造出一种安全、温馨、平和的心境，用欣赏的眼光鼓励孩子，让孩子产生积极的自我认同，获得安全

感,让他们能自由、开放地感受和表达自己的情绪,使某些原本正常的情绪感受不因压抑而变质。

2.给孩子营造一个祥和的家庭氛围

"你从我眼前消失吧!想去哪里就去哪里!"这是家庭冲突爆发时,家长常对孩子说的一句话,父母与子女双方都唇枪舌剑,互不相让。有些父母利用孩子依赖性强的特点,动辄用这句话恐吓孩子,发泄心中的不满。不少任性要强的孩子,实在无法忍受父母的嘲讽,被迫离家出走。孩子因此产生了一些坏心态:消极、悲观、自卑、浮躁、骄傲、自大、贪婪、偏执、嫉妒、仇恨等,它们就像愁云惨雾般消磨着孩子们的意志,又像烈焰炙烤着孩子们的心魂。

而相反,相互关爱的家庭,孩子会多一份责任感,会体会到家长的艰辛,这样的孩子往往是积极向上的。

3.相信孩子

要让孩子喜欢自己,家庭要给孩子认同感。在教育孩子学会乐观地面对人生时,除了多与孩子交流,培养孩子的自信心之外,还有一个很重要的方面,就是父母要相信自己的孩子,给予鼓励和支持。更重要的是要帮助孩子进取,克服一些他们现在克服不了的困难,只有这样,才能教会孩子以正面积极的心态处理面对的困难。

教育孩子，需要耐心和智慧

我们都知道，家庭对孩子一生的成长是至关重要的，家庭是孩子人生的第一所学校，家长是孩子最重要的启蒙老师。父母与孩子朝夕相处，接触的时间和机会最多，父母的言行无时无刻不在影响着孩子，父母的教诲引导孩子从小走到大，对孩子今后的成功有着重大且深远的意义。家庭教育作为孩子通向社会的第一座桥梁，对孩子的个性、品质和健康成长起着极其重要的作用。因此，作为家长，在教育孩子的过程中，切记不可急躁，对孩子有耐心是教育的智慧。

一个小孩在草地上发现了一个蛹，他把蛹带回家，想看看蛹是怎样化为蝴蝶的。过了几天，蛹上出现了一道小裂缝，里面的蝴蝶挣扎了好几个小时，身体似乎被什么东西卡住了，一直出不来。小孩子于心不忍，就想助它一臂之力。于是，他拿起剪刀剪开蛹，帮助蝴蝶破蛹而出。可是，这只蝴蝶的身躯臃肿，翅膀干瘪，根本飞不起来，不久就死去了。

其实蝴蝶在蛹中的挣扎是它适应自然界的一个必经过程，

没有这段痛苦的经历，它就无法强大。由这个故事联想我们对孩子的教育，我们应该认识到教育不是一两天的事情，教育工作中遇到的问题也不是一两次就能解决的。揠苗助长有害，欲速则不达，这是每个家长都应该明白的道理，对孩子要有耐心，要学会等待，要从一点一滴做起，以小见大。

当然，在教育的过程中，除了要有耐心外，还必须运用我们的智慧。

林先生是一名物理教师，他在教育孩子这一方面很有自己的心得，他曾这样陈述自己的一次教子经历：

我的儿子上小学时，有一次因为体育活动课玩疯了，回家时忘带了语文书，他偷偷和妈妈说，不要告诉爸爸。吃晚饭的时候，妈妈忍不住告诉我了，我就叫他不要吃饭了，把书找回来再吃饭。他哭着叫妈妈和他去找书，终于在学校找保安拿到了书。回来后，他的表情舒展了。我和他说，一个学生丢了书，就像战士丢了枪一样。他马上就回我："战士丢了枪，敌人来了可以躲起来啊！"我严厉地说："是的，战士丢了枪可以躲起来，那么谁保护老百姓啊？"他无言了，我又说："一个人不能忘记自己的责任啊！"前几天孩子他妈妈去青岛开会，我和孩子两个人在家里，我发现他每天都要检查煤气、家门。有一天我去学校早了点，忘记拿牛奶了，回去以后发现孩子已经拿回家了，而且还放到冰箱里了。我欣慰地看到，孩子长大了。

林先生对孩子进行的责任教育，并不是陈述大道理，而是从生活中孩子丢了书本这一事件入手，让孩子明白书本对学生的重要性，从而让孩子从这一小事件中明白做人必须要负责任，后来孩子检查煤气、家门、拿牛奶等事，证明了林先生的教育起作用了。

的确，真正会教育孩子的家长往往都能遵循孩子成长的特点，凡事耐心引导，而不是不问青红皂白，向孩子发脾气。为此，我们在教育孩子的过程中，需要做到：

1.倾听时，不打断，不急于作出评价

即使孩子的看法与大人不同，也要允许孩子有自己的想法。父母应考虑到孩子的理解能力，举出适当的事例来支持自己的观点，并详细地分析双方的意见。父母不压制孩子的思想，尊重孩子的感觉，孩子自然会敬重父母。

2.分享孩子的感受

无论孩子是报喜还是诉苦，父母最好都暂停手边的工作，静心倾听。若边工作边听，也要及时做出反应，给出自己的想法或感受，倘若只是敷衍了事，孩子得不到积极的回应，日后也就懒得再与大人交流和分享感受了。

3.理解孩子的情绪

有时孩子也不清楚自己的情感反应，倘若大人能够表示出理解和接纳，他会有进一步的认识。譬如，当孩子知道奶奶买了玩具送给小表妹当生日礼物的时候，他吵着也要，大人此时应解释道："你感到不公平，但这是给妹妹的生日礼物，你生日时奶奶也会给你礼物的。"这番对话能帮助孩子了解自己，了解社会规则，从而变得通情达理。

4.领会孩子的话

婴幼儿在不开心、不满意时，就会直接啼哭。逐渐长大后，孩子知道哭不能解决所有的问题，因此，当他感到不快、疑虑时，往往会隐藏自己的感觉。再者，孩子的语言能力尚未发展完善，不能用恰当的语句表达心中的想法。比如，当孩子生病时，他会对你说："妈妈，我最恨医生。"此时你应顺着他问："他做了什么事让你恨他？"孩子若说"他总是要给人打针，要人喝苦药水"等话，你可以表示理解地回答他："因为要打针吃药，你觉得很不好受，对吗？"这样，孩子的紧张心理会得以缓解，也会接受你接下来的引导。

陪伴，是对孩子最好的教育

我们不得不承认，孩子在成长的过程中，总是会遇到这样那样的问题，这需要身为父母的我们引导和沟通，呵护孩子脆弱的心灵。一些父母，因为忙碌的工作而忽视了与孩子的沟通，他们认为，教育孩子，只要让他们努力学习即可。其实，引导孩子学习知识只是对孩子教育的一个方面而已，家庭教育的一个重要职责是让孩子拥有健康的心理素质和独立完善的人格。而正是因为缺乏沟通和关注，不少父母发现，孩子越来越不听话了，其实这是踢猫效应在家庭教育中的体现，你越是不陪伴孩子，孩子离你越远，更别说让孩子接纳你的意见了。

妞妞是个可爱的女孩，现在已经十岁了。初次见到她，谁都会忍不住和她多说几句话，但没人知道，妞妞和父母的关系并不好。

其实，妞妞很可怜，她刚出生时，父母就离婚了，爸爸把她交给保姆，而这个保姆除了定时给妞妞做饭外，也不怎么和妞妞说话。

一个周末，爸爸带了几个同事还有他们的孩子来家里做客，妞妞也不理他们。过了一会儿，其中一个小朋友想玩妞妞的芭比娃娃，但谁知道妞妞就是不给，爸爸告诉她要分享，结果妞妞说："要你管我，平时看不到人影，你没资格教训我。"

当着这么多同事的面，妞妞爸爸竟无言以对。

从心理学的角度来分析，妞妞之所以会顶撞她的爸爸，而且让爸爸无力应对，其实是因为妞妞爸爸平时忽略了孩子，让孩子产生了对抗情绪。

家是孩子心灵的港湾，父母是孩子的第一任启蒙老师，也是孩子行为的榜样。作为父母，我们陪伴孩子，就要多与孩子沟通，平时工作再忙，也不可忽视这一点。这不只是融洽亲子关系、让孩子听话的前提，更是疏解孩子成长烦恼、让孩子的心理健康的重要方法。

父母要认识到，我们的孩子最终都要离开家庭和学校，步入社会。未来社会是充满变化的，每个孩子都要面临很多可能出现的挑战，比如情场失意、事业困境、生意败北……总有一天，我们要先我们的孩子而去，如果孩子没有过硬的心理素质和健康的心理状态，如何在这样激烈的竞争中取胜呢？

所以，父母要时刻观察孩子的行为和心理变化，关注他们的身心健康，要多陪伴孩子，关注孩子，与孩子沟通，让孩子感受到来自父母的爱。

作为家长，要这样做：

1.为孩子营造和谐的家庭环境，让孩子愿意与父母沟通

父母、家庭成员之间相亲相爱、关系和谐，这是解决孩子所有问题的前提。事实上，在这样的环境下成长的孩子出现心理问题的概率很小。对此，专家建议，家长应为孩子提供一个安定、和谐、温馨的家庭氛围，要让孩子纷乱的心安定下来，这样孩子才会愿意与父母沟通，也才愿意敞开心扉接纳来自父母的帮助。

2.随时观察孩子的情绪和心理变化

父母在生活中，不要只关心孩子的学习成绩、名次，也要关心他们的情绪变化，比如孩子在学校有没有受到什么委屈，学习上是不是有挫败感，最近跟哪些人打交道等。当然，了解这些问题时，我们要通过与孩子正面沟通的方法，不要命令孩子，也不可窥探。只有真正感受到来自父母的关心，孩子才愿意向父母倾诉想法。

事实上，我们的孩子都是脆弱的、敏感的、容易受伤的，当孩子出现不良情绪时，你要让他尽情宣泄，让他哭个涕泗滂沱，而不是劝孩子"别哭别哭""男孩子不能哭"这

样的话。告诉孩子"我知道你很难过",或者什么都别说也好,给孩子独处的空间和时间去消化自己的情绪,帮孩子轻轻带上门就好。

3.压力是百病之源,帮孩子卸下心理压力

曾经有这样一则调查报告,报告称:在被访的学生中,35%的学生表示"做中学生很累",有34%的学生表示有时"因功课太多而忍不住想哭"。当孩子遇到高强度的学习压力时,不少父母给予的并不是理解,而是继续施压。同时让很多父母恐慌的是,在被调查的学生中,竟然还有1/5的学生有过"不想学习想自杀"的念头。

总之,作为父母要明白,家庭教育对孩子极为重要,无论我们多忙,都要重视与孩子的沟通,而平时也要注意观察孩子的情绪、心理情况。如果发现孩子出现情绪、心理问题时,首先要做的就是从自己的角度寻找原因,然后与孩子沟通,帮助孩子找到合适、科学的学习和生活方式。

有问题不和孩子发脾气，巧妙引导更有效

我们不能否认，每一个孩子都是伴随着问题成长的。面对孩子的一些错误行为，很多家长一直沿袭传统的教育方式——打压式教育，和孩子斗气，企图遏制住孩子的错误行为和观念。然而，实际上，这种方式多半是无效且适得其反的。因为如果我们总是板着面孔训斥，或者声泪俱下地唠叨，孩子只会感到恐惧和心烦，他除了逃避，还能怎样呢？许多孩子身上的毛病，比如撒谎、顶嘴、冷漠、暴力等，说不定就是对我们粗暴简单的教育方式的逃避和反抗。有时候，我们教训孩子，情绪激动，忍不住劈头盖脸，滔滔不绝，结果他也愤怒，越说越僵，双方都气急败坏，最后不仅教育的目的没有达到，反而还破坏了做事的心情，很多时间都被耽误了。更可怕的是，下次再有类似的事情，孩子根本不愿意与你沟通了，家长和孩子之间的隔阂就是这样形成的。

有位妈妈就遇到了这样的困惑：

女儿上四年级了，整天蹦蹦跳跳，爱吃爱玩，很不爱惜东

西。新买的衣服，穿几天就不喜欢了，扔到一边不予理睬，对家人也漠不关心。为此，妈妈很是伤脑筋，正在准备让女儿尝尝家法的时候，丈夫出来阻挠，他告诉妻子，打是没有用的，不妨对女儿进行一次"忆苦思甜"教育。妈妈觉得有理，就花了400元买了两张票，陪女儿去看芭蕾舞剧《白毛女》。

看完回家后，她问女儿有什么感想，女儿想都没想就说："喜儿去当白毛女，我看是让她爸逼的。欠债还钱本来就是天经地义的事，杨白劳借了黄世仁的钱，为什么不早点儿还给人家，逼得女儿躲进山里？喜儿也够傻的了，黄世仁那么有钱，嫁给他算了，干吗要到深山老林去当白毛女？"

女儿的回答让妈妈目瞪口呆。

"我女儿好像是从另一个星球来的，怎么什么也不懂？真拿她没办法！"

这位妈妈困惑了。自己小时候看《白毛女》电影时，为喜儿流了那么多眼泪，恨死了黄世仁，可今天同样的故事，孩子怎么看不懂了呢？

那么到底该怎么办呢？孩子是打也打不成，骂也骂不得，文化教育也是无效。此时，丈夫对她说，孩子不懂历史，又没有体验，不知道今天的好日子是怎么来的，当然会产生这么幼稚的想法。

于是，这天晚上，妈妈和爸爸都放下手头的事，和爷爷奶奶一起，谈起了那个艰苦年代的生活。刚开始，女儿有点不耐烦，但听到后来，越听越有兴致，听完后，她说："我终于知道妈妈为什么带我去看舞剧了，也明白奶奶为什么那么节约了，我以后也绝不乱花钱了。"

听到女儿这么说，夫妻俩相视一笑。

这对夫妻的教育方法是正确的，当孩子有大手大脚、浪费的生活习惯时，他们并没有选择与孩子斗气，对孩子进行打骂教育，而是寻找更为积极的方法。在前一种方法行不通的情况下，他们让孩子了解历史，了解父母所经历的风雨，继而让孩子了解父母的良苦用心。

的确，可能很多父母认为孩子不懂事，不理解父母甚至不听话，但你真的了解孩子吗？他们与我们有着不同的成长环境，又怎么能要求孩子与我们有同样的行为习惯呢？而要改正孩子的行为和观念，强行压制是没有用的，正确的方式是根据孩子的具体情况进行巧妙引导。

所以，家长首先应该有这样的意识：孩子是孩子，我们是我们，这是两码事。虽然孩子的思维和心理发展还不成熟，但他们拥有和成年人一样的人格尊严。当然，尊重不代表同意、支持，更不是全盘接受，不等于放任与放纵，更不是放弃，尊重是允许对方以不同于自己的方式存在。在遇到分歧时，我们不妨按以下三步试试：

（1）先考虑一下孩子的意见，看是否有道理。

（2）与孩子一起讨论，可以相互妥协，各让一步。

（3）如果双方意见统一了，就按照约定去做；如果不统一，要讲道理，有时候也可以先搁搁再说。

另外，在与孩子沟通时，需要注意：

1.注意场合和时间

与孩子交流感情的时候，最好是睡觉前，这是孩子心情最为平静的时候。

2.创造和谐的沟通氛围

和谐的气氛永远是与孩子沟通的最好添加剂，要专心听他们的意见和看法，要理解他们的情感和需求。

3.平行的对话艺术

聪明的家长与孩子谈话时，是并肩同行，朝着一个方向，这样谈起话来，显得轻松、自然，很有人情味，孩子愿意听，也乐于接受。

害怕亲子冲突，有问题也别冷漠处理

不听话，大概是很多父母对孩子的概括。不听话的孩子让父母伤透了脑筋，很多父母明白，唠叨和命令并不管用，在这样的情况下，他们会"另辟蹊径"——冷漠处理，他们认为这样既能让孩子冷静下来反思自己的行为，也能避免出现一系列教育问题。其实不然，孩子毕竟是孩子，他们并不能体会父母的良苦用心，反而会让孩子更疏远我们，造成亲子关系的紧张。

小飞是个优秀的男孩，在家里的时候总是很听话，在学校的时候学习很好，且一直是"三好学生"称号的获得者。但是小飞的爸爸最近却发现小飞每次放学都不按时回家了，有很多次甚至是等到天黑透了才回家。

小飞的爸爸十分生气，这天，他觉得自己再不管，小飞就要学坏了，于是不管三七二十一就把小飞狠狠地批评了一顿，事后也没有给小飞解释的机会。一天，小飞在茶几上写作业，他爸爸正在看报纸，电话铃突然响了，是小飞的老师。老师跟小飞的爸爸说,他们最近搞了一个课外辅导班,成绩好的学生在课后帮助成绩差一点的学生,尽快帮他们提高成绩,小飞最近几天之所以回来那么晚,不是贪玩,而是在帮助同学。小飞很开心地跟爸爸说:"爸爸,我没有去玩儿,我是在帮助同学。"小飞原本以为爸爸会向自己道歉,没想到爸爸说:"就你还去帮助别人,你还是得了第一名再去帮助其他的同学吧。"

小飞因为爸爸的这些冷嘲热讽开始变得郁郁寡欢,每当他想要帮助同学的时候,爸爸冷嘲热讽的话就会在脑海中回响。后来,他再也不敢帮助同学了,和同学的关系也开始疏远了。小飞觉得爸爸说"你还是得了第一名再去帮助其他的同学吧"是对他不满意。他的心理压力特别大,成绩也受到了影响,和爸爸的关系也越来越僵。

随着社会的进步,人们的生活水平不断提高,但人与人之间的交流却少了,在我们心灵的港湾——家中同样也是如此,在很多家庭中,出现了父母冷漠对待孩子的现象。

教育心理学家指出,有些父母总是用自己的想法来要求孩子,孩子一旦达不到自己的要求便对孩子冷眼相向,不理不睬。孩子犯错时从来不会给孩子温和的言语和笑脸。受到父母的影响,孩子在与人交流的时候也不会太过友好。很多孩子会认为家长对待自己的方式也会是别人对待自己的方式，所以他们会渐渐地疏远所有的人，孤立自己。

家长在教育孩子的时候使用冷暴力，会让孩子走向心灵南北极，不仅不会达到教育孩子的效果，反而会让孩子觉得与父母没有共同语言，从而影响亲子之间的关系。

父母们，你们了解孩子的无奈和痛苦吗？

1.你的冷漠会导致孩子的冷漠

你对孩子冷漠，孩子就会变得冷漠、孤僻，在学校，他们不愿意与人交流、玩耍，不愿意与人合作，表现得自卑，严重的可能会自闭。

如果孩子所处的家庭的冷暴力很严重，那么，久而久之，孩子的内心就会变得越来越冷漠，心理防线很强，不愿意与人分享自己的事情，对待别人的事情也漠不关心，变得孤僻。孤僻的孩子是无法融入集体的，未来也无法融入社会，难有很好的发展。

2.孩子的心灵会扭曲

如果孩子长期处于冷漠的生活环境中，久而久之，你会发现，无论你的孩子是男孩还是女孩，都会变得敏感，不轻易信任他人，外表冷漠，内心自卑又缺乏安全感，生活自闭，这对孩子的成长是极其危险的。

3.孩子未来的婚姻生活会受到影响

如果父母一直对孩子冷漠，那么，随着年纪的增长，他们也会组建家庭，就会把自己的一些负面情绪带到以后的感情生活和婚姻里去，尤其是在自己遇到争吵的时候，他们也会采用同样冷漠的方式解决问题，这就是恶性循环，他们的孩子也会受到影响。

总之，父母教育孩子的方法一定要得宜，如果父母总是冷漠地对待孩子，孩子就不愿意把自己内心的想法告知父母。这样做不仅影响孩子和父母之间的关系，还会让孩子患上心理疾病，这一定是广大家长不想看到的。

当孩子有"叛逆"的苗头时，家长如何疏导

"女儿以前读幼儿园时很懂事乖巧，叫她做什么就做什么。自从上了小学就跟变了一个人似的，老说我唠叨，多说一句就厌烦我，摔门走开。我为她做了这么多，还不领情！"

"儿子13岁，年前还是个很听话的孩子，过完春节就不行了，学习成绩急速下降，偷着上网吧，跟不好的孩子玩，作业也不做。我现在处处监督他，可是越管越不听，特逆反，老跟我顶嘴，和我对着干。我让他往东，他往西；吃饭时，我让他多吃蔬菜，他就是要吃肉；我让他买绿色的衣服，他就是要买黄色的，反正总是犯拧，求他也不是，骂他打他也不是。我没招了！"

这样的场景，或许很多家长都遇到过。我们会发现，可能孩子还未到青春期，就有了叛逆情绪，他们好像总是故意和家长作对似的，总是唱反调，更别说听话了，很多父母感叹："我让他往东，他就是往西。""我说的话，他就没有听过。"的确，现在的孩子，出现逆反心理的年龄越来越早。逆

反心理是指人们彼此之间为了维护自尊，而对对方的要求采取相反的态度和言行的一种心理状态。

那么，为什么孩子会如此逆反呢？

孩子之所以产生叛逆心理，可能有三个方面的原因。

第一，孩子身体在急速成长，身体的成长会对他们的心理造成冲击，他们会感到不知所措，此时，他们便会用对抗父母的方式来发泄情绪。

第二，除了身体上的发育外，他们也希望自己能和成年人一样独立，不希望父母再把自己当成小孩子，尽管他们在行为上还是呈现出幼稚的特点。

第三，自我意识开始萌芽，孩子在学校也会接触到很多冲击他们意识的新鲜事物，比如追星、追逐时尚等，而这与父母的观念是相违背的。

另外，很多其他因素，比如，社会和家庭教育的一些不足，也会成为孩子叛逆的源头。此外，孩子如今面临的各种压力，比如学习压力以及生活中的无聊情绪等，也是叛逆心理产生的"沃土"。

很多家长一看到孩子出现与以往不同的举动，就认为那是逆反行为，担心自己的让步就意味着孩子的越轨。然而，对孩子的每个小细节都横加指责会使较小的争吵升级为全面战争。因为，孩子最厌恶的就是父母对自己管得太多、干涉太多。

为此，在孩子有逆反的苗头时，家长首先要反思，也许正是自己在挑起这种情绪，或者孩子对自己的什么地方有意见，正在针对性地找办法解决。

任何一位家长，都希望自己的孩子能健康、快乐地成长，而孩子的叛逆心理，则是孩子生活、学习的最大杀手，同时，它也扰乱了正常的家庭生活秩序，有些孩子甚至一味地反抗家长而走向了违法犯罪的道路。因此，在这个过程中，家长的疏导就显得尤为重要。

1.面对孩子的变化，不必大惊小怪

我们首先要做的是了解孩子身心的变化，然后，我们便能理解孩子的这些变化其实都不是什么大问题。在此基础上，我们就能坦然接受孩子的变化，并转换角度，从孩子的立场看问题。

2.找出孩子产生叛逆心理的原因，有的放矢，对症下药

我们知道，每个孩子产生叛逆心理的原因和表现都是不同的，如果女儿只是尝试穿妈妈的高跟鞋，用妈妈的化妆品，或者儿子换了一种新潮的发型，你完全可以把这种现象当作普通的爱美之心。你可以告诉孩子："妈妈知道你是想保持身材，

这是好事情呀，显得漂亮是你的权利呀。但是最好穿厚些，感冒了，会影响课程，那样会很难受，也会很心急，那时候你还会有心情欣赏自己的体形吗？"

如果孩子事事和你作对，拒绝接受你的任何意见，就需要第三方的介入，让孩子信任的长辈与他好好沟通，或者寻求心理医生的帮助，进行家庭干预或家庭治疗。

在出现比较激烈的叛逆心理时，学会心平气和地去开导他们，也可以适当地请教心理专家，用理解的心态逐步解决问题。

3.与孩子交流忌从学习入题

同孩子交流，家长不要老以学习成绩入题，这样只会让孩子心有压力，怀疑家长交流的动机。交流时，家长可以从家事入手，稳定孩子的情绪后，再谈正事。

4.预防孩子的叛逆心理

为了不让孩子出现逆反心理，家长需要从小就和孩子建立良好的亲子关系，积极和孩子沟通。在和孩子沟通时，最好以朋友的方式，将孩子当作一个独立的个体。

总之，作为家长，我们要用心感受孩子成长的变化，合理地引导孩子。好的教育是让自己的教育方式适应孩子，而不是让孩子来适应你的教育方式。对于叛逆的孩子，家长要多些关心，但要保持平静心态，了解孩子成长的发展规律，更多地帮助孩子解决实际问题。

平等地沟通，别一味地教训

杨女士有自己的公司，平时，她能把公司管理得井井有条，但对自己的儿子，她却用"无能为力"来形容。尤其是今年，她的儿子更不听话了，不管她说什么，儿子总会与她对着干。无奈之下，她才找到了心理咨询师。心理咨询师试着与这个孩子沟通，没想到这个孩子很配合。

"为什么总是与妈妈作对？"

他直言不讳地说："因为妈妈总是像教训、指挥员工一样对待我，我感觉自己不是她儿子，所以我总是生活在妈妈的阴影里。"

心理咨询师把这位孩子的原话告诉了他的妈妈，然后把他们母子请到了一起。杨女士十分激动而又真诚地对儿子说："儿子，你和我的员工当然是不同的，妈妈希望你更出色！"

听完这句话后，心理咨询师立即纠正："您应该说'儿子，你真棒，在妈妈心里你是最优秀的，我相信你会更出色。'"

杨女士不明白为什么要纠正，心理咨询师说："别看这是大同小异的两段话，其实有着很大的不同，前者是居高临下的指挥，后者是朋友式的赞美和鼓励，我觉得您在教育孩子上，不妨换一种方式，多一些引导，和孩子做朋友，而不是教训孩子！"

杨女士听完，若有所思地点点头。

其实，杨女士的教育方式很典型，对孩子，他们多以教训和指挥的口气来教育。在孩子还很小的时候，也就习惯了父母的教训，但孩子越来越大，他们开始反击，除了与父母对抗外，他们还喜欢用沉默面对父母。于是，很多父母纳闷，为什么孩子不愿意与自己说话呢？

其实，是我们的沟通方式出了问题，我们要想让孩子愿意和我们说话、愿意听话，首先我们自己要会说。与孩子沟通，重在引导，而不是教训。

因此，我们要在心里把自己和孩子放在平等的地位，把他看成我们家庭中很重要的一个成员，遇到问题也要和孩子多商量商量，多加引导。我们要尊重孩子，尊重他的人格，尊重他的意见。不可动辄训斥，那样只会让他离你越来越远。

要想让亲子间的沟通畅通无阻，家长需要明白：

1.转变思维，摒弃传统的家长观念

我们要想使自己与孩子的关系更加亲密，让孩子乐意与自己"合作",首先要做的就是转变思维,即打破那种传统的家长观念。不是去挑孩子的毛病,而是不断使自己的思维重心向这几个方面转移:孩子虽然小,但已经是个大人了,他需要被尊重;我的孩子是最棒的,他拥有很多优点;允许孩子犯错误,并帮助他改正错误……

2.放下长辈的架子,与孩子平等沟通

有些家长为了维护在孩子心中的地位,而刻意与孩子保持距离,从而使孩子时刻都感觉到家庭气氛很紧张。亲子之间存在距离,沟通就很难进行,在没有沟通的家庭里,这种紧张的气氛往往就会衍化成亲子之间的危机。

因此,我们不能太看重自己作为长辈的角色。因为长辈意味着权威和经验,意味着要让别人听自己的。但事实上,在急速变化的多元文化中,这种经验是靠不住的。不把自己当长辈,而是跟孩子一起探索、学习,互通有无,这种做法会让你与孩子在沟通上变得更加自由和开明。

3.打开沟通渠道,让孩子"有话能说",自己"有话会说"

家长与孩子交流时,要坚持一个双向原则,让孩子有话能说。比如,在交流的时候,无论孩子的观点是否正确,你都应该给予赞赏,再进行批评指正,这样可以鼓励他更大胆、更深入地交流。同时,作为家长,更要有话会说,同样的道理,采用命令的口吻和用道理说服达到的效果是不一样的,很明显,后者的效果会更好。如果能用通俗易懂的话说明一个深刻的道理,用简明扼要的话揭示一个复杂的现象,用热情洋溢的话激发一种向上的精神,孩子自然会潜移默化地受到感染,明白父母的苦心。

总之,我们要想让孩子打开心扉与父母沟通,就要做到真正与孩子平等相处。你对孩子的理解和尊重,必然有利于问题的真正解决,有利于两代人的沟通。

第七章

预防职场中的踢猫效应,始终要保持对工作的热情

在生活中，人们离开学校后，都要走入职场，与周围的领导和同事打交道。你是否热爱你的工作，是否能与周围的人和睦相处，事关职场前景。而事实上，并不是所有人都能认识到这一点，这就是为什么一些人拼尽全力却不得重用，无法升职、加薪。而要提升职场人气，就需要我们做到心平气和，不与同事、领导置气，并在与他们相处的过程中，用点心思，低调做人，高调做事！获得同事与领导的支持，你的职场之路自然会顺畅很多！

带着热忱工作，工作就不再是苦差事

任何职场人士都希望做出一番成绩，对此，不少人认为自己当下的工作根本谈不上是有意义的事业，于是，他们总是渴望拥有一份更能发挥自己能力与价值的工作，导致对自己的本职工作心不在焉。而实际上，热爱你的工作并做到专心致志、全力以赴，是每个社会人的职责，也是让自己快乐的源泉。当你死心塌地地对待你所做的工作时，就能产生热情，让你每天在工作中全力以赴。久而久之，持续地努力付出自然会有回报，你还会因此提高做事效率。失去热情，必然会失去继续前行的动力；失去激情，必然会失去战胜困难的勇气，不敢面对挑战，这样的人生将乏味而无聊。其实，如果你细心观察，那些工作效率高、成绩好的人，通常都有一个共同点：热爱自己的工作。

因此，每个职场人都要明白的是，高效率始于源源不断的工作热忱，你必须热爱你的工作。你才会珍惜你的时间，把握每一个机会，调动所有的力量去争取出类拔萃的成绩。

小林现在已经是家连锁餐饮企业的老板了，现在的她，每天脸上都挂满笑容。而六年前，她还只是一家快餐店的服务员，她的丈夫小罗是一名交警。虽然那时候他们每天都很快乐，但小罗和小林都梦想着有一天能拥有他们自己的事业。

小林和小罗最喜欢的就是甜品，他们的梦想就是开一家自己的甜品店。为此，他们还做了很多调查工作，却一直没有找到合适的创业机会。

有一次，一个客人来店里吃饭，小林和他聊了几句，原来，对方是一家甜品店的老板。谈到甜品店的经营时，小林显露出了极大的兴趣，经过数次的拜访和考察，她和丈夫一致认为这就是自己长期以来寻找的机遇。于是，他们决定冒险投资。

当进入小林的这家甜品店时，你会发现，小林工作的时候是如此热情洋溢。不论你什么时间去买甜品，总会有一个人一直守在店里。他们确实是在享受自己所做的工作。

的确，工作在我们的人生中占据了大部分美好的时光。比尔·盖茨有句名言："每天早上醒来，一想到所从事的工作和开发的技术将会给人类生活带来巨大的影响和变化，我就会无比兴奋和激动。"

生活中的人们，无论你现在从事什么样的工作，都应该学会热爱它,用热爱去发掘内心蕴藏着的活力、热情和巨大的创造力。事实上,你对自己的工作越热爱,决心越大,工作效率就越高。

不管怎样,竭尽全力、专心致志、全神贯注于本职工作,渐渐地在痛苦之中逐步产生喜悦感和成就感。"热爱"和"全神贯注"就如硬币的正反两面,是因果关系的循环。因为热爱才能全神贯注,因为全神贯注便能持续爱上工作。

那么,如何才能做到热爱并做好自己的本职工作呢?

首先,专注于你的工作。

只要我们专心致志地做好自己的本职工作,就会产生良好的绩效,我们就会有成就感,对工作的热爱也在无形中产生了。当然,在开始的时候,难免会有些困难,但只要你反复对自己说"我正在从事一项了不起的工作""这是多么幸运的工作啊"。对工作的态度就会产生转变。

其次,在择业之前,你应该考虑自己的兴趣。

如果你真的不喜欢这份工作,怎么也提不起兴趣,觉得自己正在度日如年,那么,你不必强颜欢笑,你需要找到自己的兴趣所在,然后寻找一份适合自己的工作。

如果你并不了解自己的兴趣所在,如何才能挖掘出它们呢?有很多方法可以做到这一点。例如,在你目前的工作中,你最喜欢它的哪些方面？是和他人共处，还是不和他人共处？是智力挑战，还是解决问题，或者某个问题在某一天结束的时候有了具体答案的满足感？

因此，热爱你的工作吧！一个人所从事的工作，是获得幸福的源泉，是他的理想所在，是他对待人生态度的体现。工作将填满我们的大部分人生，珍惜生命和时间的表现之一就是带着热情工作。我们还可以在工作中释放自己的热情、释放自己的能量、发挥自己的智慧，收获一份快乐，一份成功！

没有热情的努力是徒劳的，热爱你的工作，用努力创造出类拔萃的成绩。

脚踏实地，工作要摒弃浮躁情绪

现实生活中，相信每个初入职场的年轻人都有自己的理想，并渴望成功。生活中有理想的人也不少，而大多数与成功无缘，他们不能成功是因为他们空有大志却不肯低下头、弯下腰，不肯静下心踏踏实实做事，不肯从身边的本职工作开始积聚自己的力量。要知道，只有一步一个脚印，踏实、不浮躁地做事与学习，才能为成功奠定基础。而实际上，这正是很多职场人士尤其是年轻人所欠缺的，有些时候，他们总是怨天尤人，给自己制订那些虚无缥缈的目标。事实上，越是急躁，越是做不好事，再加上升职加薪与自己无缘，更加重了急躁情绪，无疑，这是中了踢猫效应的"招"。

哈佛大学有一位教授曾经为学生们讲过这样一个故事：

在日本的一家小工厂里，有一位只读过初中的工人，他的上司总是对他说："这事要这么做。"但无论上司对他说什么，他都记下来，生怕自己忘记了什么。每天，他的话并不多，总是低头做自己的事，双手总是沾满灰、额头流汗，无论上司布置什么任务，他都日复一日，不厌其烦地认真完成。

在他所在的工厂，他总是看起来毫不起眼，一直默默无闻。但他从无牢骚，也从无怨言，兢兢业业，孜孜不倦，持续从事着单纯而枯燥的工作。

时间一晃就是20年，当曾经的老上司再看到他时，大吃一惊，当年那么默默无闻、踏踏实实从事单纯枯燥工作的人，居然当上了事业部部长。关键是，令他惊奇的不仅是他的职位，而且在言谈中他察觉到，这位曾经的工人现在是一个颇有人格魅力且很有见识的优秀领导。"取得今天这样的成就，你很棒！"老上司说。

的确，这位工人看上去毫不起眼，只是认认真真、孜孜不倦、持续努力地工作。但正是这种坚持，使他从平凡变成了非凡，这就是坚持的力量，是踏实认真、不骄不躁、不懈努力的结果。

任何人，在刚刚步入职场时，都要明白，让自己沉下心来进入角色是非常重要的，越早进入就意味着越早地步入事业的轨道。每天都让自己成熟一些，浮躁之气自然会少。正如托马斯·爱迪生所言，成功中天分所占的比例不过1%，剩下的99%都是勤奋和汗水。

同样，对工作，你一定要树立踏实的态度。要想获取成功，就得付出坚定的毅力和耐心。有人说："在这个世界上，没有什么比'坚持'对成功的意义更大。"的确，世界上的事情就是这样，成功需要坚持。雄伟壮观的金字塔是凝结了无数人汗水的结晶。一个运动员要取得冠军，前提是必须要坚持到最后，冲刺到最后一瞬。如果有丝毫松懈，就会前功尽弃，因为裁判员并不以运动员起跑时的速度来判定他的成绩和名次。

然而，我们不可否认的是，浮躁的情绪在当今社会的年轻人中普遍存在，具体的表现在于：事情才刚刚做到一半，他们就觉得已经大功告成了，便松懈了。他们急功近利，只讲速度，不讲质量，看不起眼前的小事，认为没有什么意义。

总之，生活中的人们，你一定要明白一点，没有哪个人可以永远独占鳌头，在瞬息万变的世界里，唯有脚踏实地的人才能够把握自己的未来。

那么，工作时，你该如何克服浮躁情绪呢？

1.比较时要知己知彼

"有比较才有鉴别"，通过比较，人们能看到真实的自己。但是一定要知己知彼，只有做到从多方面比较，才能看得全面，否则，你得到的结果就是虚假的。如果人们都这样比，自然就少了很多不平衡的心理，也不会感到无所适从。

2.要有务实精神

务实其实就是脚踏实地，不浮躁，只有打好基础，才能开拓，否则，一切都是花架子。

3.遇事善于思考

考虑问题应从现实出发，而不能意气用事，学会从全局的角度看问题，你就能看得远，寻找最好的解决方法。

的确，如果你能够坚持，真正静下心来，认真地去做事、学习，你能做的会比现在好很多。只有拭去心灵深处的浮躁，才能找到幸福和快乐。幸福和快乐在哪里？幸福和快乐其实就在你的心里。只要你愿意，你随时都可以支取。在很多时候，我们都急需在心中添把火，以燃起某些希望。

总之，任何人，在工作中都应该有踏实肯干的精神。从现在起，你要做到不腻烦、不焦躁，埋头苦干，不屈服于任何困难，坚持不懈，就能造就优秀的人格，而且会让你的人生开出美丽的鲜花，结出丰硕的果实。

少点抱怨，带着感恩的心工作

生活中，不少职场人可能会产生这样的疑问：为什么有的人工作并快乐着，事业有为；而有的人却满怀抱怨，一事无成？这一切源于是否有一颗感恩的心。如果你每天都能以愉悦感恩的心态去工作，就能在平凡的工作中，体味关爱与珍惜，学会耐心与细致，学会相处与沟通，学会理性与思考，就会发现工作给你们提供了启迪智慧的场所，历练能力和身心的机遇，从而收获成功与喜悦。

当人们对生活和工作不满意时，就容易产生抱怨，如果我们动不动就抱怨，而不是以一种积极的心态解决问题，那么就等于拿石头砸自己的脚，于人于己于事都无好处。另外，反过来想，工作岗位为我们提供了广阔的发展空间，提供了施展才华的平台。对工作为我们带来的包括维持生计在内的所有一切，都要心存感激，并要通过努力工作来表达、回报。

微软最初是从两个好朋友创业开始的，后来发展成为拥有

8万多名员工的大企业。在公司中,盖茨的领导力发挥了重要的作用。他独特的人格魅力,他创造的积极勤奋的工作氛围,吸引了全球软件行业的顶尖人物。他们个性迥异,如果没有对盖茨的感恩、对工作的热情,那么微软在30年的创业历程中时刻都有可能分崩离析。

微软公司内部早已营造出一种"工作第一,以公司为家"的氛围,当年盖茨本人对工作的狂热和勤奋也带动了员工的工作激情。大家都是没日没夜地干,甚至可以一连几天都不休息。人们也经常看到盖茨加班工作,与员工一起讨论公司的经营计划,并鼓励员工要突破障碍,努力进取。对表现出色的员工,盖茨也会给予高额的物质奖励,以及精神上的鼓励。这也让员工自身的价值得以体现,对微软和盖茨都充满了感恩之情。而这种感恩,又会带动员工的积极性和工作热情。面对困难时,一个员工可能难以解决,但是多个员工同心协力,困难就会很容易被瓦解。

如今的盖茨已经辞职了,但他为微软创造的价值,以及为微软员工带去的影响,却是深远而意义非凡的。正是他站在员工们的前面,为员工做榜样,才让更多的微软人找到了归属感,让员工真正体会到微软不只给员工发薪水,还关注员工未来的发展,以及他们的家庭,从而使员工心怀感恩,更乐于勤奋工作。

的确，勤奋不仅是一种对待生活、工作、学习的态度，也是一种感恩的具体表现。一个人只有心怀感激，才能投入全部的激情面对生活、努力工作。这样，无论他遇到什么困难和压力，都能不断寻找解决的方法，而不是牢骚满腹，才能不断提高自己，赢得成功！

然而，我们却常常听到一些人抱怨道："唉！工作太累，天天都有做不完的活，连喘口气的机会都没有！""看看我们公司的那伙人，那是什么素质，简直没法说！"……他们对工作似乎一点也不满意。实际上，抱怨对事情的解决毫无益处，它只会引发踢猫效应，让我们在忙碌中兜圈子、浪费时间。相反，如果我们能心平气和地正视问题，理清自己的思绪，找到解决问题的方法的概率便会大大提高。

有句话讲得好，如果想抱怨，生活中的一切都会成为抱怨的对象；如果不抱怨，生活中的一切都不会让人抱怨。总是以抱怨的心态工作，做起事来难免草率敷衍，更别说展现出富有激情的、创造性的工作表现了。你呢？一天要花多少时间在抱怨上呢？

总之，生活中的人们要用感恩的心对待工作，每天想想别人的好。上班之前，可不必忙于烦琐的工作，先用几分钟想想,父母给了我们身体,但给了我们工作吗?是谁给了我们工作?是谁养活了我们?如果没有公司为我提供岗位,我的生活是否能有今天这么美满和幸福?

赞美他人，让大家都在好情绪中工作

走入职场，似乎每天都被烦琐的文件和事务包围着，太多的压力让我们开始对原本热爱的工作失去了热情，情绪变得焦虑和抑郁，经常想些不愉快的事情，原本能完成的简单工作也变得复杂和难度增大！而在这个时候，如果有人能站出来告诉我们：不要灰心，加油，你是最棒的！你是否感受到了新的能量？

在非洲的巴贝姆巴族中，至今依然保留着许多良好的生活礼仪。譬如，当族里的某个人因为行为有失检点而犯了错误时，族长便会让犯错误的人站在村落的中央，公开亮相，以示惩戒。但最值得称道的是，每当这种时候，整个部落的人都会不由自主地放下手中的工作，从四面八方赶来，将这个犯错误的人团团围住，用赞美来"理疗"他的心灵，修正他的错误，引导他以此为戒，总结教训，重新做人。

从这个故事中，我们能感受到赞美力量的强大。心理学研究发现，人们的行为受动机的支配，而动机又随着人们的心理需要而产生。人们的心理需要一旦得到满足，便会成为其积极向上的原动力。

因此，作为一名职场人士，你应该认识到，赞美他人，不仅能拉近同事间的距离，更能起到鼓舞对方的作用。

然而，我们不得不说，工作中，一些不善言谈的人在赞美他人时常犯一个错误，就是见了什么都说好，见了谁都说好。这样泛泛的赞扬会让人觉得漫不经心，它不会让受赞扬的人感觉到真正的快乐。从细节上赞美会显得更真实，也会更有力、有效。

玲玲是一名打字员，她所在公司的经理是个阴晴不定的人，在工作中也夸奖过下属，却原因不明，让很多同事不明就里，玲玲就是因为曾经被她表扬而不知所措。

有一天，玲玲刚走进办公室，恰遇上经理，经理称赞她"是一名优秀的职员"，原本以为自己的努力被经理看到了。过了一会儿，经理就问一份错误的报告是谁打的，玲玲主动承认了自己的失误。而下班时，经理又赞扬她"你工作得很好"，这些都使玲玲感到很困惑。接下来的几天，玲玲都受到了经理这种莫名其妙的表扬。在几经折腾后，玲玲递上一纸辞呈，离开了公司。

在这个事例中，这位经理深知赞扬对员工的作用，但她却不知道赞美的方式方法，让员工玲玲陷入了困惑而辞职。

一位著名企业家说过："促使人们自身能力发展到极限的最好办法，就是赞赏和鼓励……我喜欢的就是真诚、慷慨地赞美别人。"如果你真心诚意地想搞好与同事的关系，就不要光想着自己的成就、功劳，别人是不理会这些的，而是去发现别人的优点、长处、成绩。不是虚情假意的逢迎，而是真诚、慷慨的赞美。

如果你赞美的是一位男性，你可以赞美他人未发现的一些优点，因为在一些男性看来，他们习以为常、十分基本的技能也需要被人赏识，比如，换开关、帮办公室饮水机换水等。如果你能从这些方面赞美他们，不仅可以使男士愉悦，还能催他上进，帮他进步。只要善于发现他身上优秀的一面，你的赞美就会像阳光一样照亮他的心灵。

而如果你赞美的对象是一位女性，你可以赞美她的容貌、气质、性格、才艺等。这样，你的赞美一定会引起对方的兴趣，她会因遇见了你这样一位欣赏者而感到十分高兴。

当然，我们在赞美和鼓舞同事时，也不是没有原则地拍马屁，需要注意以下几点：

1.发自内心、真诚赞美

任何赞美，只有建立在真诚的基础上，才会可信，否则会给人虚假和牵强的感觉。比如，如果你的女同事身材矮小肥胖，你却用"纤细瘦长"这个词夸赞她，必被对方认为是嘲笑、讥讽或者是不怀好意。

2.不能用千篇一律的语言赞美每一个同事

在赞美同事的时候要根据其性别、性格、职位高低等各个方面使用赞美语言。

赞美和肯定同事，即使与工作无关，也能加深你们之间的关系。对此，你应该找出对方最值得赞赏的地方，比如对方的穿衣品位、爱好兴趣、工作态度、办事效率等，对方必定受宠若惊，对你的细心感激不尽。哪怕是不经意的一句话，都会起到意想不到的效果。

从明天起，如果你发现中午的工作餐有一道好菜时，不要忘记说这道菜做得不错，并且把这句话传给大师傅；如果你发现一位同事的项目搞得很利索，不要忘记赞美他雷厉风行的工作作风。虽然这些话语并不能令他们得到加薪或提拔，但至少，你是诚心诚意地向他们奉上了一颗"开心果"。

总之，真诚而又有技巧地赞美同事，不仅会让同事增加对你的好感，而且也会给你自己的工作带来便利，使大家的心情都变得愉悦、轻松，合作起来也格外容易。

应对急躁的领导，一定要稳住情绪

有这样一条搞笑短信："单位好比一棵爬满猴子的树：往下看，全是笑脸；往上看，全是屁股。"这一笑话道出了职场上等级的威力。身为下属，在领导下面工作，难免要看领导的脸色行事，一旦赶上领导工作忙、气不顺，哪怕有些微差错，保不齐也会招来一顿狠批。明明是新来的年轻人犯了错误，领导却把脾气发到老员工身上；看到领导阴沉着脸，员工也都战战兢兢，大气也不敢喘……有些下属是天生的性情派，凡事凭自己的兴致行事，甚至与领导对着干，这无非是硬碰硬，得罪领导，职场前途便会出现危机。面对领导的"灰色情绪"，下属应该如何应对呢？

要处理好这一点，首先要从领导与下属的关系说起。其实，领导与下属的关系就好比一个大家庭中的长辈与晚辈之间的关系，如果长辈遇到不顺心的事，那么在这个节骨眼上我们再犯错的话，就等于撞在了枪口上——被家长抓过来教训一顿。

露露从文秘专业毕业后就在一家小型公司担任起了经理秘书。因为这家公司小,所以公司很多费事、杂事都被露露一手包办了。露露努力地工作着,但可能是性格关系,她和经理相处得很勉强。突然,战争爆发了。

那天,露露在办公室整理财务部这个月送上来的报表,经理第二天开会时需要这份文件。此时,经理满脸不高兴地走了进来,问她:"小王呢?"因为那些报表大部分都是一些数字,需要认真、专心地整理,一听到有人打扰,露露也气不打一处来,头也没抬丢了句:"不知道。"

领导一听这话,心想这小张怎么不把领导当回事儿啊,他拉长声音说:"不知道?那你知道什么?在一个办公室面对面坐着,他人不在,你不知道他去了哪里?"这一下,露露更火了,心想自己那么卖力工作,难道不是为了公司?一来就问小王,虽然我们面对面坐着,但是对方也不会去哪里都向我打报告吧?

露露心里是这么想的,却没有如此对领导说,只是生着闷气说:"我只有两只眼睛,都在做统计,没有一只眼睛在看小王。如果你找他,就打他手机吧!"领导听了,火更大了,果真打了小王的手机,倒霉的是,小王的手机也关机了!那天下午,经理简直暴跳如雷!

事实上，小王已经跳槽了，带走了公司很多资料。于是，每次开会，上司抓不住小王做典型，就拿露露做范例，说她如何只顾做自己的工作，不关心公司的总体情况等。

露露很后悔，当时也不会忍，脑子一热就和上司争了起来。

其实，范例中员工小王的跳槽，并不是秘书露露的错误，毕竟每个员工的职责不一样，都有自己的工作，不可能上班时间一直盯着周围的同事。但作为下属，的确有失职之处，当领导问及此事时，即使自己没错，也不能出口狡辩和顶撞，这只会火上浇油，给领导的印象也就更恶劣。相反，如果她换一种方式和领导说话，比如态度谦和一点，语气委婉一点，告诉领导："实在不好意思，因为一直在忙统计报表的事，没注意到，这是我的失职，很感谢您的提醒，我以后一定会注意的。"恐怕也不会有后来的结果。

领导不是神，也会有情绪，在工作中也会出现失之偏颇的情况，当他心情不好时，他很可能会对你发脾气或者误解你。这时你不要与上司争论，而应该加以理解，先虚心接受批评，事后，也不要为了这点小事找领导纠缠不休。

其实，无论领导对你的批评是否正确，你都要摆好心态，并学会"利用"领导的批评，他对你错误的批评，只要你处理得当，有时会变成有利因素。但是，如果你不服气，发牢骚，这种做法产生的负面效应将会拉大你和领导间的感情距离，使关系恶化。

当然，如果领导在公开场合对你提出了错误的、不公正的批评，你可以把解释的机会放到私下，另外，用行动证明自己，切不可当面顶撞，这是最不明智的做法。既然你都觉得自己在众人面前下不来台，那领导呢？如果你能虚心接受，给足他面子，起码能说明你大度、理智、成熟。只要这位领导不是存心找你的茬，他冷静下来一定会反思，你的表现一定会给他留下深刻的印象，他的心里一定会有愧疚。

调整心态，被上司训斥不要产生抵触情绪

人非圣贤，孰能无过，身处职场也一样。在工作中，我们自然免不了要犯一些小错误，而作为领导，要站在公司的大局利益和下属工作能力的提升等多重角度考虑问题。所以对待我们工作的失误，领导自然是要提出一些批评的。有些领导甚至会训斥下属，这是对下属的一种否定，下属心里自然会不痛快。这是人之常情，但我们不要因为被领导批评就产生抵触情绪，认为领导是故意刁难，若顶撞领导，甚至对领导怀恨在心，很容易引起踢猫效应，引发一系列负面情况，尤其是会影响我们的职场发展。事实上，领导之所以批评甚至训斥你，是因为他们重视你，希望你能成长、进步。

宋代大文豪苏东坡的才华可谓家喻户晓，但是在仕途上，他却一波三折。他曾经还有一段不为人知的经历。

22岁时，苏轼考中进士，27岁考上中制科三等上。

为了表现对人才的重视，北宋政府任命苏东坡到凤翔府作通判。上任以后，苏东坡的工作就相当于现在职场中的助理，

他的任务是协助他的上司陈公弼处理日常事务。

陈公弼是个严谨、恪守本分的人，做事十分细致，对苏东坡每次写的公文，他都会一字一句、一字不差地审阅，再加以批注，经常将苏东坡的文章改得面目全非，还当着众人的面批评苏东坡，让苏东坡很是难堪。要知道苏东坡也是个才高八斗、恃才傲物之人，对于陈公弼的批评，他觉得十分不舒服，于是，他决定"报复"一下陈公弼，以示自己的不满。

一次，凤翔府衙的花园里修了一座亭子，衙门对工作人员的要求是希望大家都能写一篇文章以表庆贺。苏东坡一看，"报复"的机会到了，就写了一篇带有讽刺意味的、对现实不满的文章。陈公弼对下属的这些做法并不介意，反而叫人把苏东坡的这篇文章刻在亭子上。

其实，陈公弼对苏轼并无恶意，只是觉得苏东坡少年得志，缺少社会历练，对以后的官宦生涯不利，因此常常设置一些困难磨炼苏东坡。步入中年之后，苏东坡才逐渐理解了陈公弼的用意。此后，他非常敬重与怀念陈公弼，于是决定为陈公弼立传。

苏东坡在一生中只写了四部传记，而关于他所处时代人物的只有一部，就是《陈公弼传》。

这则故事中，苏东坡原本以为上司陈公弼刁难自己，到后来才知道陈公弼是为了自己好，希望自己可以历练成才。

其实，职场中也不乏这样的人，把领导的批评当恶意，不理解领导的苦心，和领导的关系搞得很紧张。其实，这主要还是因为我们不能用正确的心态面对领导的批评。

虽然我们不能否定，有些领导批评下属是为了一己私利，但这些情况毕竟是少数，领导又怎么会与勤勤恳恳工作的下属树敌呢？领导一般不会把批评、训斥别人当成自己的乐趣。批评，尤其是训斥，容易伤和气，领导在提出批评时一般是比较谨慎的。而一旦批评了别人，就有一个权威和尊严的问题。领导批评我们，不管是什么原因，肯定是对我们的工作不满。批评你，是因为关心你，希望你可以在他的督促下积累更多的工作经验，在他的督促下更好地表现自己，而一个领导如果对你视若无睹的话，他犯不着批评你。而如果你把批评当耳旁风，我行我素，效果也许比当面顶撞更糟。因为，你的眼里没有上司，上司的面子尽失。

俗话说："忍一时风平浪静，退一步海阔天空。"面对领导的批评，我们何不把它当成一场暴风雨，风暴过后自会平息，我们还要努力工作，面对新的挑战。审时度势，选择回避才是明智之举。当上司批评我们时，不明就里、逞口舌之快只会与领导树敌。作为一名员工，学会压制自己的情绪化冲动，理智地看待问题是至关重要的，尤其是在领导面前。

为此，面对领导的训斥，我们切不可动气，而应该做到：

首先，要保持良好的态度面对批评。

当领导批评你时，他最看重的是态度，如果你能虚心接受，他的态度就会缓和很多。即使是领导对你有误会，你也可以心平气和，静下心来解释。如果真的是你的工作失职，那么在领导批评完之后，最好将被指责的事项"复习"一两遍，并尽可能地向领导陈述改善的方法，诚恳地请求领导给予指导。

其次，应适时感谢领导的批评教育。

如果上司的责骂中有你能立刻明白的教训，最好在上司批评完后，逐一复述被指责事项，如果有机会的话，在事后也可以对上司的训示表示感谢。

总之，下属能完全接受教训、理解上司的"苦心"，且积极地谋求改善，还对教训心存感激，这对上司而言，是再高兴不过的事了。这样，即使你真的做错事情，上司也会觉得你是可以原谅的。因为在这一瞬间，上司深切地感受到他的价值，以及指导人的成就感和满足感。

职场中，同事之间的误会要尽快消除

生活中，我们与人交往，容易产生误会与矛盾，工作中也不例外，与同事、领导产生一些小误会是很正常的事情。这个时候，你得注意方法，尽量不要让你们之间的误会升级。与他人置气，表现出盛气凌人的样子，非要和他人做个了断、分个胜负，这很容易引起踢猫效应，引发一系列的负面影响。退一步讲，就算你有理，要是你得理不饶人的话，他人也会对你敬而远之，觉得你是个不给他人留余地、不给他人面子的人，以后也会在心中时刻提防你，这样你可能会失去一大批同事的支持。有些人还会因为误会对你产生敌意，在工作上不与你配合，在背后散布关于你的谣言。等你知道时，很可能已经在单位里传开了。

此时，若当面对质，并非明智之举。因为很多事情容易越描越黑，最好的办法就是及时与上司和同事沟通。选个合适的时间和场合，讲一讲自己的情况和想法，让谣言不攻自破。同时，提醒自己不要用攻击性的言语，最好也不要针对某人，达到澄清事实的目的就行了。同时不要怀有报复的心理，否则，会使倾听者误会你是在宣泄情绪，反而达不到目的。

其实，与上司相处并不是难事，只要我们学会聆听，注意维护他的形象。在与之有不同的见解时，我们要沉得住气，即使他的情绪不好，批评了你，甚至是找茬发一通脾气，我们也不必马上和他对立，这只会更刺激他，并让小事变大。等他情绪平复之后再解释，这样更理智，效果也更好些。

其实，当我们和上司产生一些矛盾，且误解已经造成的时候，我们应该做的就是弥补，这时，弥补的措施有：

1.不要寄希望于他人的理解

无论何种原因"得罪"了同事或者上司，我们往往会想向其他人诉说苦衷。可事实是，很多时候，第三者也不好表态，因为他谁也不想得罪，也不愿介入你与对方的争执，又怎能安慰你呢？假如是你自己造成的，他们也不忍心再说你的不是，往你的伤口上撒盐，最担心的是居心不良的人会添枝加叶后反馈给对方，加深你与对方的隔阂和裂痕。

所以最好的办法是自己清醒地厘清问题的症结，找出合适的解决方式，使自己与对方的关系重新有一个良好的开始。

2.找个合适的机会沟通

实际上，大多数误会是因为双方不够了解而产生的。化解误会最有效的方法就是加强沟通。沟通的方式很多，比如对他人保持兴趣，利用早上的一点时间，问候一下同事，或者闲聊几句，在他们的办公桌上放一张留言的小卡片，或者制造一些机会和大家一起打球、逛街、共进午餐等。只要相处久了，同事之间互相有了深入了解，误会自然也就不存在了。

而对于你和上司之间的误会，你最好主动抛出表示和平的"橄榄枝"。如果是上司错了，你可以在他心情好、氛围轻松的时候，以比较委婉的方式表达自己的观点。如果你曾经因一时冲动顶撞过他，你也可以借此机会道歉。一般来说，上司都是会接受的。而如果是你的原因，你就要能认识到自己的错误，就要有认错的勇气，找出造成自己与上司分歧的症结，向上司作解释，表明自己以后以此为鉴，并希望继续得到上司的关心。这样既可达到相互沟通的目的，又可以提供一个体面的台阶给领导下，有益于恢复你与上司之间的良好关系。

3.通过"中间人"传话

如果你不小心被同事误会，你不妨以透露信息者或是双方都能接受的人为"中间人"，通过他们代为传话，告知对方自己的想法和事实。这样做可以起到澄清事实真相、消除误会、增加了解的作用，同时也会起到警示作用，使对方有所收敛。

4.利用一些轻松的场合表示对他的尊重

当你与对方产生误会后,最好尽快让不愉快成为过去,你不妨在一些轻松的场合,比如会餐、联谊活动等,向对方问个好,敬个酒,表示你对对方的尊重,对方自然会记在心里,排除或是淡化对你的敌意,同时向人们展示你的修养与风度。

事实上,在职场中,不管谁是谁非,"得罪"他人无论从哪个角度来说都不是件好事,只能陷入僵局,而假如我们适当示弱,矛盾就会化解,何乐而不为呢?

第八章

预防社交场合的踢猫效应，你的感染力源于好心情

世界上，每个人都是独立的个体，在生活和交际中要做到和每一个人都能相处得很好，真的很难，毕竟千人千模样，万人万脾气，同时，在与人交往的过程中，随时都会出现一些猝不及防的"意外"，考验我们的情绪稳定性。而我们要想防止社交中的"踢猫效应"，想要拥有良好的人际关系，就必须懂得掌控自己的社交情绪，以热情、真诚、快乐等积极情绪感染他人。这带来的直接好处是，朋友多了路好走。

反向运用"踢猫效应",用你的真诚和快乐感染他人

我们已经了解到人的负面情绪是可以相互传染进而产生一条消极的情绪链的,其实,我们也可以反向运用"踢猫效应",也就是用积极的情绪感染他人,这一点在社交中尤其有效。的确,我们都知道,在社交时给他人的第一印象中,你的衣着打扮固然很重要,但最重要的是你的精神状态。所以,当你踏入一个陌生的场合时,如果你能让大家感受到你的真诚与快乐,那么,你留给大家的第一印象就非常好,因为积极的情绪往往会感染人。

在日本,人们有这样一个生活规律:

上午的时候,这些家庭主妇会忙于打扫、洗衣服、煮饭,她们此时是不喜欢受到任何人的打扰的。而忙完这些以后,已经是下午四点钟了,此时,孩子会睡午觉,她们也有时间休息一下。

大吉保险公司的川木先生是个很体贴的销售员,他只要

看到某户人家晒着尿布,就知道孩子刚睡,他就不会按门铃,只是轻轻敲门,以示访问之意。当主妇前来开门,他会用最小的声音向一脸狐疑的母亲说:"宝宝正在睡午觉吧?我是大吉保险公司的川木先生,请多指教。4点多的时候,我会再来拜访。"

相信任何母亲都会对这样一位细心的销售员充满好感,即便不邀请他进屋坐坐,也会面带笑容听对方把话说完。这位销售员就是用真情打动了客户。

的确,在人际交往中,谁都拒绝不了他人的真心,这是因为真诚是这个世界上最美好的情感。当然,与人交往,除了要以诚相待,还应该保持快乐的情绪,这是因为快乐可以使悲观的人变得积极向上,变得豁达乐观;可以使懒惰的人变得勤奋,变得有朝气;快乐还能够传递,可以感染别人,影响别人,甚至激励别人。

具体来说,我们该如何在交际中运用这两种积极的情绪呢?

1.先让你自己变得快乐起来

建议你运用这样一个心理暗示,每天都对自己说:"我要变得快乐!"并让这种自我激励深入到潜意识中去。当你在奋斗过程中精神不振的时候,这样的潜意识就会引导你采取热情的行动，变消极为积极，焕发奋斗的活力。

2.让你的微笑活泼一点

卡耐基曾在他的课堂上鼓励前来上课的商人们，坚持一周的时间，每天24小时都对别人报以微笑，一周后再重新回到工作岗位上。其中，威廉·史坦哈就因为接受了他的建议而让自己的生活有了彻底的改变。

史坦哈告诉卡耐基："我已经结婚18年多了，在这段时间里，从我早上起来，到要上班之前，我很少对我太太微笑，或对她说上几句话。我是百老汇最闷闷不乐的人。"

"既然你要我以微笑的经验发表一段谈话，我就决定试个一星期看看。"史坦哈继续说。

"现在，我进入工作大楼，到了电梯口的时候，会对电梯管理员微笑，说一声'早安'；我以微笑跟大楼门口的警卫打招呼；当我跟地下火车的出纳小姐换零钱的时候，我对她微笑；当我站在交易所时，我对那些以前从没见过我微笑的人微笑。我很快就发现，每一个人也对我报以微笑。我以一种愉悦的态度，对待那些满肚子牢骚的人。我一面听着他们的牢骚，一面微笑着，问题就很容易解决了。我发现微笑带给我更多的收入，每天都能赚到更多钱。

"我跟另一位经纪人合用一间办公室，他的职员之一是个很讨人喜欢的年轻人，我告诉他最近我学到的做人处世哲学，我很为得到的结果而高兴。他接着承认说，最初我跟他共用办公室的时候，他认为我是个非常闷闷不乐的人，直到最近，他才改变看法。他说当我微笑的时候，看起来十分和蔼可亲。"

可以说，是微笑让威廉·史坦哈的人际关系有了巨大的改善。的确，我们每天都要面对烦琐的生活，都要面临工作的压力，我们常常忘记了微笑是什么，该怎样微笑。如果你想成为一个受欢迎的人，就不要皱着眉头了，学会微笑吧，让你的快乐感染他人。实际上，那些有趣的人的脸上都会洋溢着笑容。

实际上，每个人，自打来到这个世界上，就已经学会了微笑，但随着年龄的增长，随着周遭事物变得复杂，我们似乎已经忘了这个本能，我们总是会给自己找一些借口：职场人士说自己每天需要应付很多工作，领导者们总说自己为企业的事操碎了心……尤其在陌生的环境里，微笑最容易被我们忽略。

如果你的微笑可以活泼一点的话，将更能表现你的真诚与快乐。无论是简单的一句"谢谢"还是"对不起"，你都要言必由衷。一旦你的言辞能自然而然地融入真诚的情感，你就拥有了引人注意的能力。

3.真心关心他人

用情感打动他人,还需要我们懂得从对方心理的角度,说出最让对方感动的话。比如,及时在对方最无助的时候说出安慰的话,关心客户最关心的人,多考虑对方的利益等,让对方真正感受到我们送去的温暖,他们自然愿意对我们打开心扉!

在人际交往中,我们需要随时保持积极的情绪,真诚能帮助我们亲近他人,而快乐则能帮助我们感染他人。这两种情绪可以使不认识的人对自己微笑,可以融化他人的疑虑、冷漠、拒绝,换取他人对自己的信任和好感。

敞开心扉，真诚接纳新朋友

"结交新朋勿忘旧友，一如浓茶一如美酒，情谊之路长无尽头，愿这友谊天长地久。"每个人都需要朋友，然而，很多人对结交朋友却有一种失衡的心理，他们害怕会因交友不慎给自己带来麻烦，而对他人都采取防备的心理，甚至拒绝与他人做朋友。其实，这是因噎废食。在人生路上，如果没有朋友的相伴，我们势必会感到孤单。而人与人之间的关系，一般都经历相遇、相识、相知这三个阶段，即使是陌生人，只要我们真诚相待，也会成为朋友。

琳琳今年28岁了，已经工作六年了，至今还没有男朋友，到这个年纪，自然是有点急了。琳琳其实是个很优秀的女孩子，22岁那年，她毕业于北京的某名牌大学。虽然她学习成绩顶尖，英语达到了专业八级的水平，但是她似乎不喜欢与人接触，更害怕交际，上大学的时候，就有意避开那些公共场合，不愿和同学一起参加一些社会活动和聚会，所以琳琳几乎没有什么朋友。毕业后，琳琳以优异的笔试成绩被一家公司录用。

在单位，容貌美丽的她很快引起了同事们的注意，许多人都纷纷邀请她参加各种聚会，可是都被琳琳拒绝了。琳琳自己也奇怪，为什么她对聚会有种偏见，她认为那些善于参加聚会的女人都是"交际花"，太张扬，她不想成为那样的人。而且，可能是因为从来没有参加过这些聚会活动，她也非常恐惧那些社交场合，不知道怎么说话，不知道该和谁说话。

就这样，琳琳逐渐脱离了同事们的视线，毕竟，没有人愿意与一个冷美人交往。在公司里，她越来越孤立，朋友越来越少，每天只是家和公司两点一线。工作六年了，连男朋友也没有！看到这种情景，琳琳真的开始担心了……

其实，琳琳之所以出现现在的社交状况，是因为她对社交有恐惧心理，一方面她对参加社交活动有偏见，另一方面是她不愿意接受这种"锻炼"。越不参加聚会，就越不敢参加；越不敢参加，就越不参加……于是，一个恶性循环就束缚住了琳琳的社交脚步。

在生活中，人们一旦有了一种先入为主的观念，就很难改变。人与人之间之所以会产生成见，很多时候，就是因为双方都不肯跨出第一步。如果你不肯跨出社交的第一步，不肯主动接纳别人，那朋友就会流失。其实，任何偏见的产生都是由于你的主观臆测，在抱着偏见与某人相处时，你很难发现他的

"庐山真面目"。

因此,要避免与人交往中的"踢猫效应",我们就没必要处处对他人设防。但是有些年轻人谨遵长辈们的嘱托:害人之心不可有,防人之心不可无,并且在无意中放大了后半句,产生了不信任的心理。这种不信任是人际交往的大敌,影响着我们对好坏的判断,也会让我们拒人于千里之外。

你要记住:你怎样对待别人,别人就会怎样对待你;接纳对方,才能被对方接纳,所有的一切与你的态度有很大关系。

为此,你就要做到:

1.不局限于你经常接触的圈子

如果你是学生,就可以争取以志愿者的身份参与各种重要活动,如成功人士讲座、校外会展等;毕业生争取进入一流大公司,通过职业交际结识更多的杰出人士。

2.对接触"陌生人"保持开放的心态

资产达两百五十亿美元的美国前首富山姆·威顿就是个喜欢结交新朋友的人。在他参与的社团中,他总是充当领导者的角色,并不断结识新朋友,这样,这些人在他日后的事业发展中就可能起到积极的作用。

3.要学会察人

人际交往中的察人,指的是从细小处掌握对方的动静。其实，在生活中，很多时候，人生道路上的贵人并不是位高权重者，而是具有一些内在潜质的人，我们要善于发现，可以从他的神态、表情中探查其内心世界，从言谈举止中细品其生活品位的高低雅俗。这是一门巧识人心的绝艺，当然，这需要我们有慧眼识人心的洞察术，一眼洞穿别人。

总之，与人交往，不要摆出一副冷冰冰的态度和架势，这只会让那些本愿意与你结交的人望而却步。只有积极、热情、真诚，才能融化人与人之间的冰山。

人际关系需要从容的好情绪维护

人与人之间的感情很微妙,再好的朋友,三天不联系,关系也会冷淡;而对于那些我们不想与之深交的人,只要"朝夕相处",我们也会从心理上接受他。可见,要想保持友谊,就需要我们悉心维护。然而,在人际关系的维护中,我们要有一份从容的好情绪,因为人与人毕竟是不同的,我们也不可能让每个人在刚开始就接受我们,在交往过程中,会因各种原因而产生隔阂、误会等,只有保持好情绪,才能让我们以宽广的心胸包容,以理智的思维解决。

甜甜今年刚大学毕业,是个很漂亮的女孩,左邻右舍、朋友、同事都很喜欢她。当她还是个孩子时,爸妈就教育她要尊敬长辈,要有家教,要多听周围人的意见,因此,她事事都首先想到别人。为此,即使现在刚进入职场,周围都是陌生的同事,但很快,她就和大家打成一片了。

一天中午,甜甜原本跟一个女同事商量去吃西餐,但这位同事突然说自己男朋友从外地来了,要去接。甜甜知道后,赶紧说："你去吧，我们什么时候吃饭都行。"

女同事很感激甜甜的通情达理，这件事被其他同事知道后，纷纷夸甜甜是个善解人意的好女孩。

生活中，如果你遇到故事中的情况，会怎么做？会发脾气吗？很明显，故事中的甜甜是个懂得体谅他人的人。古人说："人之初，性本善。"谁都喜欢与人为善的人。因此，任何人想要有良好的人际关系，就要先学会管理自己的情绪，做到与人为善。当然，与人为善也并不意味着我们要委屈自己、讨好他人。

小蔡是一家大型汽车公司的职员，由于工作出色，不到两年的时间，他一路高升，当了经理。而有几位当初和他一起进公司的员工，现在也算是元老级员工，限于能力和机会，至今仍保持着多年前的状况。在相处之时，小蔡总觉得不太自然，甚至还有些战战兢兢。

刚开始，他为了避免老同事们指责他过于高傲，又为了表现自己的诚意，三番四次地请这几位老同事吃饭，而且说话也比过去更加小心、客气了。但这似乎并没有帮助他消除误会，反而让这些人背后嚼舌根子，认为小蔡肯定是借请客吃饭爬到了今天的位子，小蔡最终落了个"赔了夫人又折兵"的后果。

小蔡静下心来想清楚后，决定不再让自己受那些心理包袱的折磨，打算轻装上阵，焕发往日的大将风采。公事上，小蔡不再逢迎那些老同事了，谨记"大公无私"的原则，若是自己的下属，就采取冷静的态度，奖惩分明，说一不二，绝不再抱有"大家都共事这么多年了，算了吧！"的想法。只要态度诚恳，就不怕对方误解。私底下，仍然与他们保持一定距离，投契的就当作朋友一般看待；不合拍的，也不再刻意改善了。

小蔡的经历告诉我们，与人为善是改善人际关系，尤其是改善与自己合不来的人的关系的一个主要原则，但我们更应该做到从容面对，不可丧失自己的原则，这才是立世之本。

现实生活中，我们也是如此，维护人际关系，就必须做到从容。那么，我们该怎样做呢？

1.主动交往，关心对方

人们参与交际的一个潜在动力是寻求呵护，因此，在与人交往的过程中，如果你能主动关心他人，帮助他人，让对方的心理需要得到满足，对方一定会感到你对他有莫大的呵护，因而更加信赖你。未来交际的可信度与有效度也会明显提高，对方与你交往的渴望意愿也会大大增加。

2.弱化和朋友间的竞争

人与人之间，尤其是朋友间，最大的致命伤就是激烈的竞争，包括嫉妒。竞争，尤其是恶性竞争，会让人感到危机四伏，也会让友谊产生裂痕。因此，为交际起见，有时候，我们不妨主动向对方表明心迹，这样，也会换来对方的以诚相待，对方也才愿意接触你，才愿意和你发展友谊。这是优化交际环境、提高交际质量的有效策略。

3.注意交往适度

与朋友接触，的确可以加深感情，但要注意度，即使是再亲密的两个朋友，也需要有个人空间。如果你为了结交友谊而占用了对方的私人空间，恐怕就事与愿违了。

总之，我们要想保持友谊，就需要持续地接触。但维护人际关系，需要我们不骄不躁、从容应对，只有这样，才能交到真正的朋友。

调整好心态，别总是看不惯他人

在生活中，每个人从学校毕业后，就要进入社会、职场，就必须要和同事、朋友、客户、上级打交道。但实际上，并不是每个人都能和周围的人友好、和睦地相处，究其原因，其实并不在于别人，而在于我们自身。我们都知道，人都是单独的个体，都有自己的性情和处事风格，当其他人的处事方法不符合你的观念时，你大概会觉得"他真讨厌""看不顺眼"。但讨厌别人并不一定是别人的错，只有调整自己的心态，和讨厌的人好好相处，对自己和别人才更公平，你的人际关系才会更好。

明白这一点，你才会心平气和地和你看不顺眼的人相处。因此，你需要明白，你若想在事业上有所成，以健康适当的情绪、语言、举止和善意的态度，与同事、朋友建立和谐的关系，这是关键。

很多时候，我们讨厌一个人真的不是对方的错。而且，很多人本身就比较感性，比如发现他人在穿着打扮上、风格上与自己不同，他就会不舒服；遇到一个观点与自己不同的人，就会想将对方从自己的圈子里踢出去；而对方如果在处事方法上与自己不同，就一辈子都不希望与这样的人共事……而你可能没有意识到的是，正是因为这些不喜欢，可能造成你面对他人时产生矛盾与冲突。

有句古诗叫"相看两不厌"，而实际上，对于你看不顺眼的人，和你正是"相看两厌的"，不但你讨厌他，他也同样讨厌你。在这种情形下，如果谁都不懂得约束自己的情绪，自然会引起"踢猫效应"，大家越相处越相互讨厌，最后弄到无法收场，成为敌人。如果你对待和你不同的人都用这样的态度，那就会处处树敌，无法生存，与讨厌的人共事最重要的是调整自己的心态。

因此，不要再意气用事了，即使你不喜欢这个人，即使你真的与其在观念上有差异，也要和睦相处。为此，你需要做到：

1.以任务、工作为中心

与人相处，千万不可凭自己的感觉，你喜欢不喜欢一个人不重要，重要的是，如果你们是合作关系，那么无论何时，都要将目标任务放在第一位，把个人情绪放在后面，才能让彼此的关系更和谐，任务更顺利。即使没有任务，你在职场上的最终目标无非是事业有成就，得到大家的认可，这和与每个人的相处都分不开。理智地提醒自己这一点，你就很少有先入为主的讨厌情绪了。

2.更尊重对方

与任何人相处，都要以尊重为前提。如果你不喜欢对方，便更要重视"尊重"的作用。因为两个相互讨厌的人，观点往往更不一致，如果此时不讲"尊重"，就会产生更多分歧，制造更多敌对情绪。对自己越看不顺眼的人，越应该主动征求对方的意见，主动尊重对方，使两个人之间的关系变得融洽。

3.出现分歧应就事论事

与人共处，难免会产生意见上的分歧，如果真出现冲突，应理智地解决，就事论事，不要掺入以往恩怨或者个人情绪，否则会更加复杂。尤其是双方在公事上出现较大分歧，应理智地说出自己这样处理的理由，然后询问对方那样处理的理由，综合考虑后再做出决断。不应意气用事，不应该武断地认为对方在针对你，也不应该用过于激烈的情绪用词，更不应该进行人格侮辱或人身攻击。如果分歧不能达成一致，不妨做成两个方案，请第三者裁决。

4.不要在背地里说他人坏话

有人曾戏谑地称，有人的地方，就有"小道消息"和"八卦新闻"，更有背后的指指点点，但这也是很多人很难拥有良好人际关系的重要原因。因此，不要在背后议论他人，尤其是自己讨厌的人，更不要说出讨厌他的理由。

总之，对于任何人，尤其是涉世未深的年轻人，与周围的人打交道，都要学会求同存异，不要妄图改变他人的想法，更不要采取不合作的态度；不要孤立自己不喜欢的人，更不要因为看不顺眼就拿别人出气，而应该首先调整自己的态度，在尊重的基础上宽容地看待对方的行为，才能和所有人友好相处。

真诚宽宏，情绪稳定的人才有真朋友

俗话说："人非圣贤，孰能无过""金无足赤，人无完人"。英国谚语也说得形象："世上没有不生杂草的花园。"阿拉伯人说得更风趣："月亮的脸上也是有雀斑的。"生活中的每个人都有情绪低落的时候，即使再清醒的人在心情烦躁的时候，也会做出一些不太恰当的事，在心情郁闷的时候也难免会说出一些偏激的话。在这种心情的影响下，我们的朋友难免会对我们说一些过火的话，或者做了一些错事，这很正常，等事情过后他们也会为自己的言行后悔不已。因此，我们该将心比心，学会理解和宽容朋友。理解别人就是理解自己，你对朋友的宽容极可能换来朋友对你更大的宽容。

我们常说"得饶人处且饶人"，对朋友的宽容就是对自己甚至是你们友谊的一种更高层次的升华。而相反，如果你与朋友斗气，任由情绪掌控，就会陷入"踢猫效应"的漩涡中，就会让我们失去真正的朋友。因此，任何人想要交到真正的朋友，就必须避免情绪化，学会理解他人。

三国时期的蜀国，诸葛亮去世后，蒋琬主持朝政。他的属下有个叫杨戏的人，性格孤僻，讷于言语。蒋琬与他说话，他也是只应不答。有人看不惯，在蒋琬面前嘀咕说："杨戏这人对您如此怠慢，太过分了！"蒋琬坦然一笑，说："人嘛，都有各自的脾气秉性。让杨戏当面说赞扬我的话，那可不是他的本性；让他当着众人的面说我的不是，他会觉得我下不来台。所以，他只好不作声了。其实，这正是他为人的可贵之处。"后来，有人赞蒋琬"宰相肚里能撑船"。

的确，在与朋友交往的过程中，我们难免会遇上令人难以忍受的事情，也难免会产生一些摩擦。此时，如果我们凡事好争斗，非得争个是非对错，甚至得理不饶人，那么，长此以往，你的朋友必将远离你。我们不得不承认，很多朋友之间的友情就是由于彼此无法互相谅解和宽容而土崩瓦解，让人为之叹惋！而当我们以宽容的心来对待时，朋友就会被我们高尚的品质、崇高的境界以及人格力量所折服，彼此之间的友谊就会更加牢固、长久。

一天，一名学生找到自己的老师，向老师吐槽某个同学十分讨厌，总喜欢跟他比，影响了他的学习。

老师问这学生："喜欢吃苹果吗？"学生愕然，但还是回答："不喜欢，但喜欢吃雪梨。"

"你不喜欢吃苹果？"老师问。

"对。"学生答。

"那有没有人喜欢吃苹果？"老师问。

"当然有！"学生答。

"那你不喜欢吃苹果是苹果的错吗？"老师问。

学生笑笑："当然不是！"

"那你不喜欢他是他的错吗？"老师说。

从这一段对话中，我们可以发现，其实很多时候，我们会放大朋友犯的一些小错误，其实，这并不是朋友的错，只是因为我们错误的心态。只要我们宽容一点，所谓"海纳百川，有容乃大"，宽容是一种仁爱的光芒、无上的福分，是对别人的释怀，也是对自己的善待，更是让友谊长久的灵丹妙药。

多一些宽容，友谊才会长久；多一些谅解，友谊才会更加坚不可摧。在与朋友交往时，如何做到宽容呢？这就需要换位思考，进行角色转换。朋友间的交往若产生了摩擦，只要站在对方的立场上思考问题，怒火和怨气也就在你的心中慢慢消解了。

学会了宽容，我们便学会了做人。从古至今，宽容都被视作高尚人格的标准之一。《周易》中提出"君子以厚德载物"，荀子主张"君子贤而能容罢，知而能容愚，博而能容浅，粹而能容杂"。学会了宽容，同样也就学会了处世。佛家有云："精明者，不使人无所容。"人是社会的人，世间并无绝对的好坏。宽容才是真正的交友之道，宽容待人，才会友谊长久！

的确，在人的一生中，最为可贵的品质就是宽容，它是一种无坚不摧的力量。有诗云："腹中天地宽，常有渡人船。"宽容，可成为一种对人对己都无须投资便能获得的"精神补品"。学会宽容不仅有益于身心健康，而且对赢得友谊，保持家庭和睦、婚姻美满，乃至事业的成功都是必要的。而我们在日常的交友应酬中，要学会用一颗宽容的心接纳别人，友谊之树便会长青。互相宽容的朋友能百年同舟，风雨共济，互助一生。

观点不一时,不要与人斗气拌嘴

生活中的人们,你是否有过这样的经历:与你的朋友一起逛街,两人因为对某件衣服的审美不同而争论起来,谁也不肯谦让,结果不欢而散,你自己独自生着闷气;办公室内,某个同事开了你的玩笑,你却当真了,与其拌起嘴来,结果唇枪舌剑中,两人越说越较真,最后只得让其他同事来"劝架"。其实这都是"踢猫效应"。要预防"踢猫效应",我们都要做自己情绪的掌控者。不得不说,在日常生活中,人都喜欢表现得聪明一点,周围的人才更加肯定自己。尤其是年轻人,他们更希望别人看到自己的优点。但真正聪明的人并不一定能说会道,聪明并不是表现出来的。

生活中,看起来很傻,平时反应都要比别人慢半拍,却是个"心里明白"的人,才是真正的聪明人。而最重要的一点是,爱与人置气是很多人需要改正的一个缺点。要知道,谁也不喜欢被人反驳,另外,与人置气拌嘴只会让你陷入和他人斗气的漩涡中。

可能很多人会产生疑问,难道与人交谈时只能保持沉默吗?的确,在交际中,我们很容易遇到和别人意见不一甚至是持对立观点的时候,这时候,你应该主动绕开问题的焦点,正可谓"三十六计,走为上策"。向对方投降是彻底失败,你将永远没有重新破局的机会。讲和也是失败一半,因为讲和肯定是以自己的巨大牺牲为代价的,不然对方没有理由和你讲和。而暂时的撤退,装傻充愣,避开他的锋芒,不仅能保全自己,还可以换来彼此间和睦相处。

当然,装傻忍辱不是消极逃避,而是要避免与对方正面"交战",以免伤了和气。而装傻,是一种以退为进、以大局为重的表现。

事实上,现在的你每天都被紧张、忙碌的工作搞得晕头转向,可能已经无暇顾及人际交往中的很多细节,可是,为什么我们还会与同事斤斤计较那些小问题呢?为什么说话的时候总是得理不饶人呢?其实,归结起来,这是因为你太过较真。太过较真只会让你身心俱疲。糊涂一点,能让我们免于很多工作和生活中的烦恼和麻烦,也能让你拥有一个好心情。

小美是个刚参加工作不到半年的女孩。一天,她在路上与同事不期而遇。小美和同事最近刚一起合作过一个项目,整个项目是成功的,但这中间也免不了一些小问题,其中就包括预算问题。自然，他们会就这一问题进行讨论。

同事主动说："领导还是很好说话的，即使你把这次项目的预算算多了，他也没多说什么。"

听到同事这么说，小美很不服气，辩解道："你的意思是我的问题？要知道，估算的会计可是你部门的人啊。"

"我知道啊，可是我从没有过问预算的事，不是你一直盯着的吗？"同事也毫不示弱。

"你都不过问，那更是你的责任了。"小美继续说道。

"你说什么……"

就这样，两个人开始争吵起来。

所谓"话不投机半句多"，小美和同事在路上不期而遇，谈到工作中的问题时，谁也不肯让步，而造成无谓的争论，破坏了同事间的关系。试想一下，如果他们中的一个人，试着先检讨自己，或者后退一步，对自己不同意的部分保持缄默，就不会闹到不欢而散的地步。

在当今社会，装傻是一种最高境界的交际哲学，装傻并非真傻，而是大智若愚。孔子也说"水至清则无鱼，人至察则无徒"，无论是谁，如果沦落到了没有朋友的地步，无疑都是一种悲哀。所以，生活中的任何人，无论是在工作还是生活中，不妨糊涂点，更不要与人拌嘴，表现得太过精明，让他人远离你。比如，在与朋友或同事的谈论中只要不是大是大非的问题，其实没必要做无谓的坚持。换言之，即使你坚持又能怎样？对方会按照你的意志行事吗？俗话说"兔子急了也咬人"，你把别人逼得没有丝毫退路，对方除了奋力反击外还能有什么选择？

凡事要认真，这原本没错，可一旦认真到了较真的地步，眼里丝毫容不得沙子，总是爱和别人拌嘴，就是和自己过不去，到头来只会自讨苦吃。

参考文献

[1] 曾杰.别让情绪失控害了你[M].苏州：古吴轩出版社，2016.

[2] 麦凯，伍德，布兰特里.应对情绪失控[M].骆琛，译.北京：中国科学技术出版社，2022.

[3] 鞠强.情绪管理心理学[M].上海：复旦大学出版社，2019.

[4] 宋晓东.情绪掌控，决定你的人生格局[M].成都：天地出版社，2018.